建设世界科技强国的若干思考

Some Thoughts on
Building a World Scientific and Technological Powerhouse

孙福全◎著

科学技术文献出版社
SCIENTIFIC AND TECHNICAL DOCUMENTATION PRESS

·北京·

图书在版编目（CIP）数据

建设世界科技强国的若干思考 = Some Thoughts on Building a World Scientific and Technological Powerhouse / 孙福全著 . —北京：科学技术文献出版社，2022.8（2023. 4 重印）

ISBN 978-7-5189-9198-3

Ⅰ.①建…　Ⅱ.①孙…　Ⅲ.①科技发展—研究—中国　Ⅳ.① N12

中国版本图书馆 CIP 数据核字（2022）第 083796 号

建设世界科技强国的若干思考
Some Thoughts on Building a World Scientific and Technological Powerhouse

策划编辑：丁芳宇　责任编辑：赵　斌　责任校对：张　微　责任出版：张志平

出　版　者	科学技术文献出版社	
地　　　址	北京市复兴路15号　邮编　100038	
编　务　部	(010) 58882938，58882087（传真）	
发　行　部	(010) 58882868，58882870（传真）	
邮　购　部	(010) 58882873	
官 方 网 址	www.stdp.com.cn	
发　行　者	科学技术文献出版社发行　全国各地新华书店经销	
印　刷　者	北京虎彩文化传播有限公司	
版　　　次	2022 年 8 月第 1 版　2023 年 4 月第 2 次印刷	
开　　　本	710×1000　1/16	
字　　　数	130千	
印　　　张	9.75	
书　　　号	ISBN 978-7-5189-9198-3	
定　　　价	36.00元	

习近平总书记在 2016 年召开的全国科技创新大会上吹响了建设世界科技强国的号角。这是中国特色社会主义建设进入新时代对科技发展的战略擘画，是实现社会主义现代化强国和中华民族伟大复兴的必然要求。他指出，我国科技事业发展的目标是，到 2020 年时使我国进入创新型国家行列，到 2030 年时使我国进入创新型国家前列，到新中国成立 100 年时使我国成为世界科技强国。按照世界知识产权组织的排名，我国的综合创新能力 2020 年排名世界第 14 位，标志着进入创新型国家行列的目标已经实现。目前，我国正在向创新型国家前列迈进，开始了建设世界科技强国的新征程。这就要求我们把创新摆在现代化建设全局中的核心地位，把科技自立自强作为国家发展的战略支撑，深入实施科教兴国战略、人才强国战略和创新驱动发展战略，坚持"四个面向"，坚持走中国特色自主创新道路，培育竞争新优势和发展新动能，推动我国实现从"站起来""富起来"到"强起来"的重大转变。

建设世界科技强国意味着我国的综合科技创新能力进入世界前列，科技创新成为经济社会发展的主要驱动力量。世界科技强国应该具备 3 个特征：一是世界科学中心。在若干重大科学领域居于世界领先地位，取得重大原创性成果，出现一批学术大师，形成中国理论和中国学派，对世界科学发展做出重大贡献。二是世界技术引领者。掌握一大批关键核心技术，在若干前沿技术领域发挥引领作用，技术水平从"跟跑和并跑为主"向"领跑为主"转变。三是世界创新高地。出现一批世界领军企业和隐形冠军企业，形成一批世界级创新产业集群，涌现一批世界知名的创新企业家，产业结构实现高端化。美国、英国、法国、德国、日本等国家是世界公认的科技强国，他们建设科技强国的做法和经验值得我们借鉴。然而，由于国际环境和历史条件发生了根本变化，我国的制度、文化、历史与英美等国有很大差异，我国不可能照搬他国的路径和模式，而是要探索一条符合中国国情、具有中国特色的建设科技强国的道路。

建设世界科技强国，需要认真总结新中国成立以来我国科技发展的成功经验。回顾我国科技发展70余年的辉煌史，我们积累了科技发展的宝贵经验。一是始终坚持党中央对科技工作的坚强领导，发挥社会主义集中力量办大事的制度优势。二是正确战略和思想的指引。我们根据不同历史时期的阶段特征、目标任务，提出了相应的科技发展战略和指导思想，为科技改革发展指明了正确的方向。党的十八大以来，以习近平同志为核心的党中央高度重视科技创新，提出坚定实施创新驱动发展战略，加快建设创新型国家和世界科技强国。三是科技投入持续增加。从全社会研发经费投入看，1987年只有74亿元，而2021年达到2.79万亿元，排名继续保持世界第2位。从研发投入强度看，1987年为0.61%，2021年达到2.44%，超过欧盟28国平均水平，达到中等发达国家研发经费投入水平。四是企业成为技术创新主体，市场在科技资源配置中已经发挥决定性作用。2020年，企业研发经费支出占全社会研发经费支出的比重达76.6%，企业在国内发明专利申请中所占比例达66.8%。五是改革释放创新活力。20世纪80年代以来，我国的科技体制改革稳步推进，建立了比较完善的国家科技计划体系，推进了技术开发类科研院所企业化转制和社会公益类科研机构建立现代科研院所制度，在部分区域开展全面创新改革试验，改革科技评价制度，逐步消除阻碍科技创新的体制机制障碍,在很大程度上释放了科研机构和科研人员的创新活力。六是开放加速科技创新。改革开放以来,我国不断扩大和深化科技开放,集聚全球科技创新资源,加强国际科技合作,充分利用后发优势,坚持走科技国际化的发展路径,大大加快了科技创新和进步。七是政策营造创新环境。改革开放以来,我国制定了一系列鼓励创新的政策,包括鼓励企业创新、科技成果转化、科技园区建设,以及"大众创业、万众创新"的政策,出台了一系列人才引进和培养政策,为科技创新营造了良好的政策环境。

近年来,笔者围绕建设世界科技强国的重大战略问题进行了初步思考,形成了以下初步认识:第一,建设世界科技强国,科技自立自强是关键,是战略支撑,实现科技自立自强的核心是增强自主创新能力和营造良好创新生态。第二,建设世界科技强国要求科技工作要认真贯彻习近平总书记"双循环"发展思想,既要发挥科技在"双循环"新发展格局形成中的支撑引领作用,又要在科技领域加快构建"双循环"新发展格局。第三,建设世界科技强国要准确把握科技创新面临的新形势和新需求,抢抓新一轮科技革命和产业变革带来的新机遇,密切关注国外科技发展战略新动向,通过创新能力提升、创新体系完善和创新生态营造"三位一体"的系统举措推动高质量发展。第四,建设世界科技强国要求进一步深化科技体制改革,推动国家科技创新治理体系和治理能力现代化,提升国家创新体系整体效能。第五,短缺科技在任何经济体制和运行机制下都会存在,其形成既源于科技需求的无限性与科技供给的有限性这一普遍性矛盾,又根植于科技创新体制机制不完善这一深层次原因。完善科技创新体制机制,促进有效市场与有为政府有机结合,有利于缓解科技的短缺程度。第六,建设世界科技强国首要的是强化国家战略科技力量,它是提高科技创新能力的重要牵引,是实现科技自立自强的重中之重。第七,建设世界科技强国必须打造一批国际性和区域性创新高地,不断提升创新高地的核心功能,培育科技创新增长极。第八,建设世界科强国要求营造充满活力的创新生态系统，其中的关键是以人才为本，给人才以充分的自由和注入创新的基因。创新生态是由多个因素决定的，别国的创新生态不可能简单复制，必须着力培育具有中国特色的创新生态和创新生态系统。上述粗浅认识，希望能对我国建设世界科技强国有所裨益，也希望对关注世界科技强国建设的专家学者有所启发，不妥之处也请各位批评指正。

建设世界科技强国，未来的道路还很长，前进征程不可能一帆风顺，但我们比历史上任何时候都更接近建设世界科技强国和实现中华民族伟大复兴的战略目标。我们坚信，有以习近平同志为核心的党中央把航掌舵，有14亿中国人民戮力同心，建设世界科技强国和实现中华民族伟大复兴的目标一定能够实现。

2022 年 7 月 1 日

CONTENTS
目　录

加快实现科技自立自强
与增强自主创新能力

加快实现科技自立自强是建设世界科技强国的关键和战略支撑。做不到科技自立自强，关键核心技术自己不能掌控，创新链、产业链、供应链安全得不到保障，就谈不上科技强国。党的十九届五中全会明确提出，"坚持创新在我国现代化建设全局中的核心地位，把科技自立自强作为国家发展的战略支撑"。习近平总书记2021年5月28日在中国科学院第二十次院士大会、中国工程院第十五次院士大会、中国科协第十次全国代表大会上的讲话中指出："我国广大科技工作者要以与时俱进的精神、革故鼎新的勇气、坚忍不拔的定力，面向世界科技前沿、面向经济主战场、面向国家重大需求、面向人民生命健康，把握大势、抢占先机，直面问题、迎难而上，肩负起时代赋予的重任，努力实现高水平科技自立自强。"这是在国际格局发生重大变化、国内进入高质量发展阶段的大背景下对科技发展提出的更高目标和要求。科技发展要以习近平新时代中国特色社会主义思想为指导，立足新发展阶段，贯彻新发展理念，构建新发展格局，深入实施科教兴国战略、人才强国战略和创新驱动发展战略，坚持"四个面向"，坚持走中国特色自主创新道路，大力提升自主创新能力，真正做到科技自立自强，加快建设世界科技强国。

一、习近平总书记关于科技创新重要论述为实现高水平科技自立自强提供强大思想理论武器

习近平总书记关于科技创新重要论述思想深邃、内涵丰富、理论严谨，是科技创新工作的基本遵循和行动指南。一是在创新内涵上，提出坚持以科技创新为核心的全面创新。尽管创新是多方面的，包括理论创新、体制创新、制度创新、人才创新等，但科技创新地位和作用十分显要。二是在创新

地位上，提出创新是引领发展的第一动力，是建设现代化经济体系的战略支撑，是深化供给侧结构性改革的关键，把创新放在新发展理念之首。加快科技创新是推动高质量发展的需要，是实现人民高品质生活的需要，是构建新发展格局的需要，是顺利开启全面建设社会主义现代化国家新征程的需要。把创新放在国家现代化建设的核心位置，把科技自立自强作为国家发展的战略支撑。三是在创新目标上，提出科技发展"三步走"的战略目标，到2020年跻身创新型国家行列，到2035年进入创新型国家前列，到2050年建成世界科技强国。四是在创新的原则和方法上，提出坚持"四个面向"，坚持通过创新培育发展新动力、塑造更多发挥先发优势的引领型发展，坚持科技创新和制度创新双轮驱动，加强国家创新体系建设，防范和化解科技安全风险。五是在创新路径上，提出坚持走开放条件下中国特色自主创新道路。自主创新是开放环境下的创新，绝不能关起门来搞，而是要聚四海之气、借八方之力。六是在创新重点上，提出加强基础研究和应用基础研究及关键核心技术研发，强化国家战略科技力量。习近平总书记关于科技创新重要论述科学地回答了科技创新的内涵、地位、目标、原则和方法、路径、重点等重大问题，为实现高水平科技自立自强提供了强大思想理论武器。

二、加快实现科技自立自强的基本思路

实现科技自立自强必须以习近平新时代中国特色社会主义思想和关于科技创新重要论述为指导，坚持和加强党对科技事业的全面领导，贯彻新发展理念，深入实施创新驱动发展战略，走出一条中国特色科技自立自强的道路，为推动高质量发展、构建新发展格局提供有力支撑，为迈进创新型国家前列和建设世界科技强国奠定坚实基础。

一是科技创新和制度创新"双轮驱动"。创新是以科技创新为核心的全面创新，包括制度创新和科技创新等。制度创新包括体制机制、组织、管理、文化等方面的创新，它是实现科技创新的基础和前提。科技创新对体制机制

改革、组织变革、管理创新等不断提出新需求，倒逼科技创新制度适应科技创新需求做出调整。因此。创新是一个系统工程，创新链、产业链、资金链、政策链相互交织、相互支撑，科技创新、制度创新要协同发挥作用，两个轮子一起转。我国学术界发生过制度和技术创新哪个更重要的争论，著名经济学家吴敬琏先生认为"制度比技术更重要"。国际上一些新制度经济学家也认为制度是经济增长和国家兴衰的关键因素。对于这一问题，很难给出一个简单的答案，因为相同制度的国家在发展水平上也可能存在巨大的差异。显而易见的事实是，制度创新与技术创新是相互影响、相互作用的，两者的地位在不同的国家乃至在同一国家的不同发展阶段都会有所不同。

二是有为政府和有效市场"双手联动"。既要发挥市场这只"看不见的手"在科技资源配置中的决定性作用，激发创新主体活力，营造良好创新生态；又要发挥政府这只"看得见的手"在科技资源配置中的引导性作用，发挥我国"集中力量办大事"的制度优势，构建社会主义市场经济条件下关键核心技术攻关新型举国体制，提升创新治理能力和水平。强调政府"有为"而不是乱作为，政府必须在市场经济体制的基本框架下行使职能，也就是说，政府一般在市场完全失灵或部分失灵的领域发挥作用，如基础研究和前沿技术研究领域。强调市场"有效"不是说市场万能，市场机制的弊端不必多说，政府要在弥补市场机制失灵和保障市场机制运行两个方面发挥不可替代的作用。

三是自主创新与开放合作"双管齐下"。自主创新是我国科技发展必须长期坚持的战略选择，但它不是封闭的、排他的创新，而是开放式、包容性创新。在新形势下，自主创新有了新内涵，它不仅要突破一些关键核心技术，而且要在关键核心技术上做到自主可控，保证科技安全和国家安全，从科技自立到科技自强。对外开放是我们长期坚持的基本国策，科技发展需要进一步扩大和深化科技开放合作，充分利用全球创新资源，全面融入全球创新体系，提高科技国际化水平。因此，要坚持自主创新与开放合作的良性互动，以自主创新能力的提升推动开放合作水平上层次，在开放合作中实现自主创新能力的快速提升。

四是能力提升和体系建设"双向发力"。以提升科技创新能力为核心，大力增强原始创新、集成创新、引进消化吸收再创新能力，以及科技创新体系化能力。以创新体系建设为根基，优化创新要素组合，构建系统、完备、高效的国家创新体系，激发调动广大科技人员和创新主体的积极性、创造性，加快走出一条从人才强、科技强到产业强、经济强、国家强的创新发展新路径。

三、提升科技自立自强的硬实力：增强自主创新能力

增强自主创新能力，把科技创新的主动权掌握在自己手里，这是科技自立自强的关键。如果我们的自主创新能力上不去，关键核心技术受制于人，科技自立恐怕都做不到，更谈不上科技自强。

（一）更加重视基础研究，在提高原始创新能力上有新作为

按照世界知识产权组织发布的《2021年全球创新指数报告》，我国的创新指数排名上升至世界第12位，已经进入创新型国家行列。但我国在重大科学发现和原创性技术上比较缺乏，原始创新能力不足是我们的最大短板，这与长期以来基础研究投入不足有直接的关系。世界主要发达国家的基础研究投入占全社会研发投入的比重一般在15%左右，而我国尽管近年来基础研究投入有了大幅增长，但2019年这一比重也只有6%。因此，提高原始创新能力首先要增加基础研究投入，特别是应用基础研究投入，因为问题和需求导向的应用基础研究是最有可能产生重大突破的领域。政府要通过财政资金、税收减免等政策工具引导地方和企业加大基础研究投入，形成以财政资金为主导的多元化的基础研究投入机制。其次，对从事基础研究的机构和人员加大稳定支持的力度，完善科研设施条件，改善科研人员待遇，建设高水平基础研究队伍。最后，完善基础研究评价机制，突出原创导向。基础研究周期长、风险大、具有不可预测性，因此对从事基础研究的机构和人员的评价要

更加注重长期评价、成果质量评价、同行评价、代表作评价、学术贡献评价等，避免只重数量和短期评价的错误导向。

（二）以关键核心技术自主可控为目标，在关键核心技术创新能力上有新突破

关键核心技术是国之利器和产业命脉，谁掌握了关键核心技术谁就站在了科技和产业制高点。尽管我国在高铁、核电、移动通信、高性能计算等领域攻克了一大批关键核心技术，但关键核心技术受制于人的局面还没有从根本上改变，主要表现在底层基础技术、基础工艺能力不足，工业母机、高端芯片、基础软硬件、开发平台、基本算法、基础元器件、基础材料等"瓶颈"突出。关键核心技术缺乏依然是我国产业结构优化升级和经济高质量发展的最大制约。因此，必须提高关键核心技术创新能力，做到关键核心技术自主可控，确保产业安全和国家安全。一是在涉及国家安全和重大需求的关键核心技术领域采取新型举国体制联合攻关，发挥我国集中力量办大事的制度优势。二是创新关键核心技术攻关组织方式，通过设立重大科技专项、组建产业技术联盟、建立新型研发机构等方式力争关键核心技术攻关取得重大突破。三是发挥企业在关键核心技术攻关中的主体作用，政府要根据关键核心技术的性质发挥主导或引导作用，尽量不要对关键核心技术攻关"大包大揽"。

（三）突出战略科技力量，在战略科技创新能力上有新跃升

战略科技力量是指维护国家安全、满足国家重大战略需求的科技力量。国家科研机构、高等院校和中央企业等创新主体都具有战略科技力量，且发挥了重要的战略支撑作用。但也要看到，现有的战略科技力量目标不够清晰、组织方式不够有效、力量不够强大，不能完全适应国家战略需求。这就要求我们以国家实验室建设为抓手加强战略科技力量。国家实验室要以实现国家使命和战略目标为导向，以原始创新为核心，以开展基础研究、前沿技术研究和学科交叉研究为主要方向，以大科学装置为支撑，以大科学团队为

骨干，主要在核技术、激光技术、量子技术、新一代通信技术、生物技术等战略科技领域进行布局。对于全国重点实验室，要以加强战略科技力量为导向进行重组，解决部分领域重点实验室小、散、弱等问题。建立对国家实验室、全国重点实验室稳定支持的机制，培养造就一支具有世界领先水平的战略科技队伍。

（四）强化企业技术创新主体地位，在企业技术创新能力上有大提高

从科技投入和产出来看，企业已经成为技术创新的主体。2020 年，企业研发经费支出占全社会研发经费支出的比重达 76.6%，企业在国内发明专利申请中所占比例达 66.8%。但企业技术创新主体地位还不够强，主要表现在企业研发投入强度、企业新产品销售占比还比较低。2020 年，高技术制造业研发投入强度为 2.67%，大中型工业企业新产品销售收入占主营业务比例为 27.4%，与发达国家企业相比还有较大差距。因此，要继续强化企业技术创新主体地位，大力提升企业技术创新能力。一是加大企业研发投入的税收抵扣力度，引导企业加大研发投入和设立研发机构。二是对新产品消费给予税收抵扣或优惠，鼓励企业开发新产品和用户使用新产品。三是加大对科技型企业的金融支持力度，争取对科技型企业金融服务实现全覆盖。四是设立专项资金加大对科技型中小企业的支持力度，提高科技型中小企业的创新能力和抗风险能力。五是大力培育创新领军企业、独角兽企业，强化行业创新领军企业作用，支持大中小企业融通创新，营造产业创新生态。六是深化国有企业改革，支持国有企业扩大混合所有制改革试点，鼓励国有企业逐渐退出竞争性领域，加大对国有企业创新考核的比重，加大对新兴前沿技术领域投资，加快建立现代企业制度。七是吸引跨国公司在中国投资设立研发机构，对外资企业在中国境内开展创新活动实行国民待遇原则。

（五）更加强调技术引进消化吸收，在二次创新能力上下大功夫

对于后发国家或地区来说，在技术引进的基础上消化吸收再创新是一条

创新捷径，日本、韩国等后发国家正是通过这一路径建成世界科技强国的。改革开放以来，我国实行对外开放的基本国策，大量引进国外先进技术，部分领域做到了消化吸收，促进了传统产业转型升级和新兴产业发展。但应该看到，在过去很长一段时间里，我们存在重技术引进轻消化吸收的倾向。例如，2018 年我国规上工业企业技术引进与消化吸收经费的比例约为 5.1：1，而日本、韩国等国家用于技术引进与消化吸收经费的比例在 1：3 左右，部分重点领域甚至高达 1：7。这就导致我国很多企业没有形成内生的技术能力，部分技术领域陷入"引进—落后—再引进"的恶性循环。因此，必须把技术引进与消化吸收有机结合起来，提高再创新能力。一是大幅增加对引进技术进行消化吸收再创新的力度，引导企业更加重视消化吸收再创新。二是根据产业需求和专家论证意见，编制重大关键引进技术消化吸收清单，通过产学研等方式协同攻关。三是在互利共赢基础上加强与外国企业的研发创新合作，在合作中学习显性知识和隐性知识，提升企业创新能力。

（六）加强科技创新一体化设计，把提高体系化创新能力作为着力点

国家和地区之间的竞争已不再是单个主体之间的竞争，而是上升到体系的竞争，因此，单独提升某类主体或某个领域、某个环节的创新能力是远远不够的，必须完善创新体系，提供体系化创新能力，以带动创新能力整体提升。一是以市场机制为纽带，采取多种形式加强产学研战略合作和协同创新，充分发挥各自优势，缩短研发周期，提高创新效率。二是集聚创新资源，打造全球、全国和区域性创新高地，加强区域协同创新，推动区域创新一体化，促进区域协调发展。三是对于具有产业化应用前景的科技领域，加强全链条一体化设计，打通基础研究、技术创新、产业化示范应用各个环节，建立完整的创新链和产业链。四是完善科技创新体制机制，树立科学的管理导向、计划导向和评价导向，加快政府职能从科技管理向创新治理和创新服务转变，推进科技治理体系和治理能力现代化，营造良好创新创业生态。五是以国际视野谋划科技创新，利用好两个市场、两种资源，加强国内

外协同创新，积极参与或主导设立国际科技组织，主动发起国际大科学计划或工程，建立全球科技创新共同体和中国－东盟、"一带一路"、中国－欧盟等区域科技创新共同体，推动实现人类命运共同体的美好愿景。

（七）夯实科技发展基础，在科技创新基础能力上持续用力

自主创新能力的提升是一个从量的积累到质的跃升的过程，它是在创新实践的基础上形成和发展起来的，单纯的技术引进和"纸上谈兵"形不成自主创新能力，因此，自主创新不能急功近利，必须夯实科技发展的基础。一是大力增加研发投入。近年来，我国的研发投入增长较快，2021年研发投入强度达到2.44%，但美国、德国、日本等发达国家都在3%以上。要继续增加财政科技投入，通过各种有效激励政策引导全社会增加研发投入；同时，优化财政科技投入结构，重点支持基础前沿研究、关键核心技术攻关、社会公益研究等，提高财政科技投入绩效。二是建设创新型人才队伍。人才是第一资源，创新驱动实质上是人才驱动。我国的人力资源和研发人员总量已经居世界首位，但人才结构尚需优化，高层次人才十分短缺。要立足培养本土人才，不拘一格引进海外人才，优化人才成长环境，建设高水平创新型人才队伍。三是培育世界一流的创新主体。我国的创新主体总体上创新能力有了很大提升，但与发达国家相比仍有较大差距。例如，在最新发布的泰晤士世界大学排名中，中国只有1所大学进入世界前20位，美国则有14所。在科睿唯安发布的2020年全球创新企业100强名单中，中国企业只有3家，美国有39家，日本有32家。要通过体制机制创新增强创新主体活力，提高创新主体持续创新能力，培育一批世界一流大学、一流科研机构和一流企业。四是强化科技基础设施建设。大科学时代需要大科学装置，没有世界一流的科技基础设施就不大可能取得世界一流的科技成果。因此，要根据国家战略需要，同时考虑财力可能和轻重缓急，有序布局一批重大科技基础设施。

四、增强科技自立自强的软实力：营造良好创新生态

软实力是指通过文化和价值观的力量对行为主体施加影响的能力，它有时比硬实力更具有影响力，其影响更具有广泛性、深远性和持久性。2022 年 3 月 15 日，品牌金融公司发布《2022 年全球软实力指数报告》指出，美国超越德国排在全球软实力榜首，中国居全球第 4 位，在熟悉度影响力声誉及商业和贸易等方面表现出色。

增强科技自立自强的软实力，最重要的是营造一个良好的创新生态。

（一）深化科技体制机制改革，消除阻碍科技创新的体制机制障碍

完善党领导科技工作的体制机制，全面增强科技体制改革协同性、有效性，强化科技宏观统筹，改革完善科研项目和经费管理；启动新一轮科技体制改革，推动科技体制改革从立框架、建制度向提升体系化能力、增强体制应变能力转变；以激发科研人员和创新主体积极性、创造性为着力点，加快政府职能转变，优化科技配置，完善评价激励机制，全面增强科技创新协同治理能力；优化国家科技计划体系，完善项目形成机制，遵循科学研究和技术创新规律，适应不同研究任务目标和组织范式需要，形成体系化、多元化的项目分类管理机制，实行"揭榜挂帅"等制度，开展项目经费使用"包干制"等试点；强化国家使命导向，加快科研院所改革，扩大科研自主权，构建重大科技创新央地统筹协调联动机制。

（二）加强国际科技合作，建立开放融合的国家创新体系

实施更加开放包容、互惠共享的国际科技合作战略，有效提升科技创新合作的层次和水平，加强与世界主要创新国家多层次、广领域科技交流合作，积极参与和构建多边科技合作机制，深入实施"一带一路"科技创新行动计划，拓展民间科技合作的领域和空间；务实推进全球疫情防控和公共卫生领域科技合作，聚焦气候变化、人类健康、能源环境等全球问题和挑战，

加强同各国科研人员联合研发；深度参与全球创新治理，聚焦事关全球可持续发展的重大问题，设立面向全球的科学研究基金，加快启动我国牵头的国际大科学计划和大科学工程，鼓励支持各国科学家共同开展研究。

（三）完善科技创新环境，激发全社会创新创业活力

大力弘扬科学精神和科学家精神，加强科研诚信体系建设，构建科技伦理治理体系；加强作风学风建设，聚焦科研诚信和作风学风的突出问题，强化治理措施的落实力度，营造风清气正的科研生态；加快科技管理部门职能从研发管理向创新服务转变，加大知识产权保护力度，坚持激励与约束并重，构建科技大监督格局；加强科学技术普及，在全社会营造尊重知识、热爱科学、崇尚创新的浓厚氛围，厚植创新文化土壤。

双循环发展格局下的
科技发展

加快构建以国内大循环为主体、国内国际双循环相互促进的新发展格局，是以习近平同志为核心的党中央在世界处于百年未有之大变局、新一轮科技革命和产业变革深入发展的背景下，应对当前世界经济衰退、逆全球化和贸易保护主义抬头的国际环境及适应国内进入高质量发展阶段的新形势而做出的重大战略决策，为我国经济社会发展和科技工作提出了重要遵循和行动指南。新时期科技工作要认真贯彻习近平总书记关于构建新发展格局的部署要求，发挥科技在"双循环"新发展格局形成中的关键作用。

一、在科技领域贯彻落实"双循环"新发展格局的重大意义

新中国成立初期，我国科学技术基础十分薄弱，主要依靠苏联技术援助采取"国际循环"科技发展模式。1959年6月，苏联政府单方面撕毁中苏双方签订的技术协定，停止对中国技术援助，我国被迫转向自力更生的"国内循环"科技发展模式。改革开放之初，邓小平同志赴美国、日本考察，亲眼看到了我国与发达国家在各个方面（包括科学技术）的差距，与美国签订了科学技术合作协定，我国开始转向以引进西方成熟的先进技术为主的"国际循环"科技发展模式。进入21世纪，随着新技术革命加速和世界科技竞争的加剧，西方对我国的技术出口管制加强，我国从国外引进先进技术的难度大大增加，甚至根本买不来关键核心技术。在这一背景下，2006年召开的全国科技大会提出"自主创新、重点跨越、支撑发展、引领未来"的指导方针，统筹考虑引进技术和二次创新、二次创新和原始创新，探索建立国内循环和国际循环有机结合的科技发展模式。当前，我国科技发展已经进入到从量的积累迈向质的飞跃、从点的突破迈向系统能力提升的新时期，自主创新能力明显提升，对外技术依存度大幅下降，在科技领域正在形成以国内大循环为

主体、国内国际双循环相互促进的新发展格局。适应国际科技格局和科技秩序的新变化，国内高质量发展和建设世界科技强国对科技发展的新需求，我国迫切需要在科技领域贯彻落实"双循环"新发展格局。

第一，在科技领域贯彻落实"双循环"新发展格局是构建国内国际双循环相互促进新发展格局的应有之义。"发展"从内涵上是包括政治、经济、社会、科技、文化、生态、军事等多个领域的大系统，科技发展是其中的一个子系统，因此，在科技领域贯彻落实"双循环"新发展格局是构建国内国际双循环相互促进新发展格局的重要组成部分。同时，鉴于科技在国家发展全局中的战略支撑作用及创新在现代化建设全局中的核心地位，在科技领域贯彻落实"双循环"新发展格局是构建国内国际双循环相互促进新发展格局的关键。

第二，在科技领域贯彻落实"双循环"新发展格局是支撑引领高质量发展的内在要求。当前，我国已经从"高速度增长"进入到"高质量发展"新阶段。高质量发展意味着提高经济发展质量，优化经济结构，推动产业迈向中高端，实现速度、质量和效益的有机统一；意味着提高社会发展质量，解决社会发展滞后经济发展的矛盾，更好满足人民追求美好生活的需要，实现经济、社会、环境可持续发展；意味着提高科技发展质量，改善科技供给结构，培育形成更多国际一流的科技成果、科技企业、科技人才。当前，我国的发展质量与发达国家相比还有较大差距，2019 年人均国民收入刚刚突破 1 万美元，在联合国开发计划署发布的人类发展指数排名中居世界第 85 位，世界知识产权组织发布的《2021 年全球创新指数报告》中，中国创新指数排名第 12 位。提高经济、社会和科技发展质量必然要求在科技领域贯彻落实"双循环"新发展格局，真正做到科技自立自强，大力增强自主创新能力特别是原始创新能力，提升科技国际化水平，突破制约高质量发展的关键核心技术、原创性技术、颠覆性技术和社会公益性技术，依靠科技创新引领我国进入高质量发展的良性循环。

第三，在科技领域贯彻落实"双循环"新发展格局是建设世界科技强国和现代化强国的根本路径。当前，我国已开启建设世界科技强国和社会主义现代化强国的新征程。纵观世界科技强国和现代化强国的建设路径和兴衰交替，无论是英、法等先发国家还是美、德、日等后发国家，他们无一不是凭借先发优势或后发优势在若干科技领域成为世界的科学中心和技术引领者，在若干产业领域成为世界的创新高地。我国是一个典型的后发大国，经过了改革开放之后40多年的高速发展和技术追赶，后发优势逐渐减弱，甚至不复存在，新旧动能正在转换过程中，所以必须在科技领域贯彻落实"双循环"新发展格局，强化多部门、多领域、多主体协同创新的科技发展国内大循环，不断培育发展新动能，构筑培育国家核心竞争力和引领未来的先发优势。

二、在科技领域贯彻落实"双循环"新发展格局的主要内涵

在科技领域贯彻落实"双循环"新发展格局不是排斥国外循环的封闭式国内循环，也不是过分依赖国外循环的低水平国内循环，而是国内循环和国际循环相互促进的高水平科技发展循环，打破国内循环的低水平陷阱和国际循环的"引进—落后—再引进—再落后"的低水平怪圈，实现科技的高质量发展和对经济社会高质量发展的有力支撑。

第一，科技发展要立足于"人才链、资金链、供应链、创新链、产业链"的国内大循环。在2020年7月18日的一次电话采访中美国国防部长埃斯帕把中国列为"首要战略竞争对手"；2019年3月12日欧盟委员会在发布的《欧盟—中国：战略展望》中把中国定位为既是"与欧盟密切协调目标的合作伙伴，欧盟寻求利益平衡的磋商伙伴"，也是"追求技术领先的经济竞争者，以及推广替代治理模式的体制对手"。因此，我国要坚定不移走中国特色自主创新道路，放弃依靠"拿来主义"发展自己的不合实际的幻想，坚持走以国内大循环为主的科技发展路径，发挥我国集中力量办大事的制度优势和超大规模的市场优势，完善人才链、资金链、供应链、创新链、产业链，建立以本土人才为主体、引进人才为补充的高层次人才队伍，以国内资源为主体、统

筹国内国际资源的科技资源要素市场，以自主技术为主体、整合国内国际技术的自主可控技术体系，确保产业链和供应链安全。抢抓新一轮科技革命和产业变革带来的重大机遇，在人工智能、新一代移动通信、机器人、新能源汽车等领域培育新的经济增长点，扩大有效需求，畅通国内大循环。

第二，科技发展要从构建人类命运共同体的高度积极融入国际大循环。习近平总书记指出，"以国内大循环为主体，绝不是关起门来封闭运行"。"我们要站在历史正确的一边，坚持深化改革、扩大开放，加强科技领域开放合作，推动建设开放型世界经济，推动构建人类命运共同体"。改革开放以来，中国与世界建立了广泛的经济联系和科技联系，这种联系建立在互利共赢基础上，难以用行政手段完全阻断。尽管个别国家以国家安全，甚至以价值观为幌子推动逆全球化，但经济和科技全球化的大趋势因符合各国和人民的根本利益不可逆转。因此，我国的科技发展要积极融入国际大循环，深度开展国际科技合作，实行开放式创新，不断提高科技的国际化水平。要以全球视野配置科技资源，开展科技研发合作，共享科研基础设施和开放科学数据，建立全球科技创新利益共同体。围绕区域自贸区建设，加强双边和多边科技合作，建立区域科技创新利益共同体；围绕"一带一路"建设，深入实施"一带一路"科技创新行动计划，建立"一带一路"科技创新利益共同体；围绕与国外高校、科研机构和科技企业等创新主体的合作，建立国际技术创新联盟或创新联合体。

第三，科技发展要形成国内和国际两个循环相互促进的新发展格局。科技发展的国内循环和国际循环是相互依赖和相互促进的关系，只有提高国内循环水平，推动产业基础高级化和产业链现代化，才能更好参与国际循环；只有提高国际循环水平，更深嵌入全球创新体系，才能改善国内大循环。因此，国内循环主要依靠国内创新主体，但也要积极吸引国外创新主体参与；国际循环重在利用国外科技资源，但宗旨是形成内生的技术能力，促进国内循环。在科技领域形成国内和国际两个循环相互促进的新发展格局就是要更好统筹国内国际两种资源，更好利用国内国际两个市场，更好联结国内国际两个创新体系，实现科技自身能力和支撑引领经济社会发展能力的螺旋式上升。

三、在科技领域贯彻落实"双循环"新发展格局的主要制约因素

在我国科技领域的"双循环"新发展格局中，国内科技大循环受到原创性不足和关键核心技术缺乏等多重因素制约，国际科技循环遇到少数西方国家的干扰，因此，在科技领域贯彻落实"双循环"新发展格局的任务还比较艰巨。

一是根技术和根产业薄弱。国内很多技术创新和产业是通过技术嫁接、产业嫁接，搭在别人的创新链上，缺乏根技术和根产业的支撑就会受制于人。别人的技术迭代了，国内的产业就会清零；别人断开技术联系，产业就会被"卡脖子"。当前我国科技创新还有一些短板，如80%以上的芯片靠进口、操作系统生态受制于人、航空发动机被国外掌控等。自己控制不了创新链，就决定不了价值链。

二是创新链循环不畅。创新链衔接不紧密、科技成果转化不畅的问题在我国现阶段还没有得到根本解决。一方面，很多项目在立项时对项目的商业化前景考虑不够；另一方面，项目尽管有商业化前景，但大学、研究机构缺乏动力去推行，致使转化率低。从科研成果转化激励政策方面看，后者已经得到较好的解决，目前的问题还是科研研发导向如何更好地面向市场需求，形成更多有市场价值的科研成果。

三是产业技术创新政策不到位。科技创新国内大循环需要高效融合国家和市场的力量，尤其是当前高速发展的新一代信息技术，既是高度战略性产业，也是高度市场化产业，仅靠国家力量和政府项目研发难以形成良性生态。例如，我国很早就研发出红旗 Linux 操作系统，也极具市场潜力，但并没有枝繁叶茂。而华为依靠市场中求生存、产品中求创新，形成了极具国际影响力的新科技产业。企业技术创新能力的真正提升是有效承接上游研发成

果，打通国内创新链的关键一环。支持企业技术创新应探索实行多元化的支持政策，应强化政府采购支持创新产品的政策和鼓励企业增加研发投入的税收政策等。

四、在科技领域贯彻落实"双循环"新发展格局的建议

在科技领域贯彻落实"双循环"新发展格局要以习近平新时代中国特色社会主义思想为指导，坚持"五位一体"总体布局和"四个全面"战略布局，全面贯彻新发展理念，深化科技供给侧结构性改革，找准科技发展的突破口和主攻方向，推动构建以国内大循环为主体、国内国际双循环相互促进的科技发展新格局，助力世界科技强国和社会主义现代化强国建设，带动世界经济复苏和共同发展。

一是加快根技术研发和完善创新链条。在科技资源配置中一体化考虑基础前沿研究、关键核心技术攻关、应用开发研究、资金和人才配置、平台建设和重大科技基础设施布局，打通科技创新各个链条和各个环节，完善产业创新生态。在项目规划立项阶段取消对专家职称等的不合理要求，扩大企业专家在项目立项阶段的话语权。在国家重点研发计划、科技创新 2030 – 重大项目等面向产业需求开展攻关的研发任务中，加大企业牵头项目的比例。面向未来科技发展前沿，在 5G、存算一体芯片、智能操作系统等领域加快根技术研发，提高原始创新能力，构建未来新兴产业的全球影响力和创新链支配能力，争取在未来全球产业竞争中换道超车、换代超车。加大战略科技和基础前沿领域重大科技基础设施和创新平台的投入，并纳入国家新基建计划。

二是建立服务型政府和创新人才激励机制。在科技管理领域实行政府权责清单制度，厘清政府和市场、政府和社会关系，政府科技资源主要配置在基础前沿技术研究、公益性研究、关键核心技术研发等市场失灵或部分失灵的领域。在高新区等各类科技园区建立负面清单制度。借助国家新一代人工智能创新发展试验区等载体，从降低企业创新成本、完善企业技术创新服

务、改善企业技术人才生存环境等多方面，加快探索适合中国的产业技术创新政策。完善技术交易市场和人才市场，主要由市场机制决定技术和人才的价格，选择部分科研机构参照国际标准对科研人员实行年薪制和议价制试点。

三是坚持科技高水平对外开放。加强自由贸易试验区和科技园区建设对接，打造若干科技对外开放特区，在市场准入、科技计划开放、技术交易、税收优惠、人才引进等政策方面先行先试。建立面向全球的国际科技合作计划，推动科学开放和数据开放。参照国际惯例建立技术移民制度，通过市场手段发现人才和引进人才。把与欧洲国家的合作放在更加突出的位置，巩固与欧洲国家的创新战略伙伴关系，通过技术输出和技术援助带动"一带一路"沿线国家共同发展。与美方开展多种形式的对话交流，利用一切机会为中美科技合作创造条件。

四是推动科技和教育高度融合。继续深化教育体制改革和教学方法创新，大幅提高教师待遇，让教师成为最受社会尊重的职业，让大批优秀的人才从事教育工作。以提高人的素质和实现人的全面发展为导向完善教育评价方式，不以升学率作为考核教师和学校的主要指标，不以考分高低作为评价学生的主要标准。鼓励探索式教学和启发式教学，彻底改变"满堂灌式"的教学方式。建立科技教育融合研究中心，组织科研机构、高校联合企业围绕世界科技前沿领域开展基础研究和前沿技术研究，努力培育产生一批世界级成果和世界级人才。

完善教育制度要从幼儿教育开始改革。幼儿是创造力培育发展的时期，研究表明，3～5岁是幼儿创造性能力发展的黄金期，因此，幼儿教育对于培养人的创造力至关重要。我国的幼儿教育理念与先进国家相比还有较大差距，幼儿教育发展水平参差不齐，与培养创新创造型人才的要求还不适应，因此有必要借鉴世界先进的幼儿教育理念和方法。以意大利幼儿教育思想家名字命名的蒙台梭利教育法曾经风靡世界，对世界各国的教育水平和社会发展都产生了深刻影响。这种教育方法以儿童为中心，反对以成人为本位的教学理念，反对以教师为中心的填鸭式教学，主张让儿童自发地主动学习。我国要加快幼儿教育理念和方法的创新，把更新教育方法作为改革试点和突破口，着重培养幼儿的创造性能力。

五是积极参与全球科技治理。随着在全球科技创新格局中地位的上升，我国应更加积极地参与全球科技治理，联合全球战略合作伙伴推动建立公正、合理、共赢的国际科技新秩序，坚决反对麦卡锡主义和科技霸凌，建立全球科技创新命运共同体。积极参加国际科技组织并在其中发挥更大作用，推动建立全球科技治理准则和新兴技术领域的国际技术标准。深度参与或牵头设立国际大科学计划，与世界各国携手解决气候变化、公共卫生、粮食安全等人类面临的共同挑战。积极维护多边主义，通过国际和多边组织推动建立国际科技政策协调机制，加强知识产权保护，推动科学数据、科技基础设施的开放共享。

以科技创新支撑引领
高质量发展

当前，我国已从高速增长阶段进入高质量发展阶段。高质量发展不仅体现在经济层面，它是体现"五位一体"总体布局、体现新发展理念、体现创新驱动的可持续发展，其重要标志是发展动力从要素和投资驱动转向创新驱动，实现发展新旧动能转换。其实，发展经济学中所说的"发展"是包含结构变迁的总量增长，本身就包含增长质量的含义，但人们往往忽视"发展"这一概念蕴藏的质量内涵，因而强调高质量发展尤为必要。在我国进入高质量发展阶段的关键时期，谋划好科技创新发展对于加快我国发展转型，以及世界科技强国和社会主义现代化建设具有重要意义。实现高质量发展，必须依靠科技创新才能抓住新一轮科技革命和产业变革带来的重大机遇，加快世界科技强国和社会主义现代化建设的进程；必须依靠科技创新建立现代化经济体系，筑牢实体经济的根基；必须依靠科技创新推进供给侧结构性改革，通过提高科技供给能力开拓"蓝海"市场，增加产品有效供给，促进产业高端发展。

一、准确把握科技创新发展面临的新形势和新需求 ①

进入 21 世纪第三个 10 年，国际环境和国内形势继续发生深刻变化，不确定性和不稳定性大大增加，准确把握科技创新发展面临的新形势和新需求，洞见科技创新未来发展大趋势，有助于我们抓住战略机遇的窗口期，有效应对各种风险挑战。

---

① 本部分内容发表在《创新科技》2020 年第 8 期。

（一）百年未有之大变局将继续在广度和深度拓展并重塑世界秩序

习近平总书记指出，"当前中国处于近代以来最好的发展时期，世界处于百年未有之大变局，两者同步交织、相互激荡"。这是对当今国际国内形势做出的重大战略判断。"百年未有之大变局"将继续在广度和深度拓展，由政治、经济、科技和文明格局之变引发世界秩序之变（图 1）。

图 1　世界格局之变与世界秩序之变的关系

一是政治格局之变。世界政治格局向多元化发展，二十国集团和金砖五国集团的出现表明发展中大国在世界政治中地位的提升。世界权力中心逐渐向东方转移，全球治理格局发生重大变化，新兴经济体和发展中国家在全球治理体系中的作用日益凸显。二是经济格局之变。世界经济重心逐渐东移，东西方经济力量对比发生重大变化。按汇率法计算，新兴经济体和发展中国家的经济总量在全世界所占比重接近 40%，对世界经济增长的贡献率已经达到 80%，预计再过 10 年左右新兴经济体和发展中国家的经济总量将接近世界总量的一半。[①] 三是科技格局之变。新一轮科技革命和产业变革带来的新陈

---

① 高祖贵 . 世界百年未有之大变局的丰富内涵 [N]. 学习时报，2019–01–21（A1）.

代谢和激烈竞争前所未有。① 全球创新版图发生显著变化，东西方科技力量对比向东方倾斜。中国的年专利申请量和授权量、三方专利拥有量已居世界首位。中国卓越科技论文产出增加、热点论文及高被引论文数量均升至世界第2位。② 四是文明格局之变。兴盛了 500 年的西方文明在应对人类社会面临的重大问题时遇到严峻挑战，而以儒家思想为核心的东方文明在与西方文明的碰撞交流中不断吸收营养变得更加有生命力。五是世界秩序之变。冷战结束以后，以美苏争霸为主要特征的旧的均势被打破，世界形成了以美国为首的西方国家主导的世界秩序。然而，随着世界格局发生重大变化，新的世界秩序正在重塑。新兴经济体和发展中国家在传统的世界秩序中长期处于不利地位，如今随着经济实力和地位的提升，必然要求调整并在重构世界秩序中发挥重要作用。建立公正合理的国际新秩序，需要国际社会的共同努力。基辛格指出："任何一国都不可能单枪匹马地建立世界秩序。要建立真正的世界秩序，它的各个组成部分在保持自身价值的同时，还需要有一种全球性、结构性和法理性的文化，这就是超越任何一个地区或国家视角和理想的世界观。"③

（二）新一轮科技革命和产业变革为我国及后发国家和地区带来难得机遇

习近平总书记指出，"新一轮科技革命和产业变革正在孕育兴起，一些重要科学问题和关键核心技术已经呈现出革命性突破的先兆"。当前，科学革命蓄势待发，全球科学发展正在寻求新的突破方向；信息技术革命加速演进，生物技术、新材料技术、新能源技术、先进制造技术等呈现群体性突破特征；新兴产业加速发展，未来产业将引发经济社会剧烈变革，移动通信、物

---

① 习近平在第二十三届圣彼得堡国际经济论坛全会上的致辞（2019 年 6 月 7 日）。
② 数据来源：中国科学技术信息研究所 2019 年 11 月发布的"中国科技论文统计结果"。
③ 亨利·基辛格. 世界秩序 [M]. 胡利平，译. 北京：中信出版社，2015：489.

联网、人工智能、大数据、区块链、量子计算等构成的新技术体系正成为新一轮产业变革的核心驱动力量。

科学革命蓄势待发。对世界发展产生重大影响的科学革命有 3 次。第一次发生在 16 世纪和 17 世纪，以哥白尼提出的日心说和牛顿的经典力学为主要标志。第二次发生在 19 世纪，以英国生物学家达尔文的进化论、德国植物学家施莱登和动物学家施旺的细胞学说、德国青年医生迈尔的能量守恒定律为主要标志，恩格斯将其称为 19 世纪自然科学三大发现。第三次发生在 20 世纪，以德国物理学家爱因斯坦提出的相对论和量子力学为主要标志。当前所说的科学革命仍是第三次科学革命的延续，新的重大科学革命正在寻找突破方向，有可能颠覆现有的科学理论。在现行的科学范式下，一些新兴国家在科学发展的道路上加速追赶，与发达国家的差距逐渐缩短。例如，中国在科学研究投入和科学产出规模上已经超过大部分发达国家，科研质量也显著提升。

科学研究呈现一些新的特征。一是科学研究从微观到宇观的各尺度上纵深演进。物质科学向宏观、微观和极端条件延伸拓展。天文学、地球科学、空间科学等对银河系、地球系统的新认知，不断丰富和完善关于宇宙起源与演化的知识体系。生命科学和医学科学的研究继续深化对生命本质的认识。化学、物理学、材料科学等的研究，从不同尺度继续深化对物质结构和功能的认知。二是科学研究平台化趋势日益明显。很多基础研究越来越依赖大型科学仪器和基础设施来支撑，如对物质基本结构、宇宙起源与演化等重大科学问题的探索，需要大型先进光源、散列中子源和强磁场等大科学装置的支撑。三是科学研究学科间横向交叉融合日益紧密。越来越多的科学成果来自学科交叉领域，如 21 世纪以来，诺贝尔化学奖中约 2/3 的获奖成果与生物学相关。问题导向型科学研究越来越多，不断产生新兴学科及领域，催生新兴技术及产业。例如，脑科学与数理、信息等学科结合，正在催生脑机交互技术，将极大带动人工智能、复杂网络技术发展，促进精神疾病和神经退行性疾病防治等。四是基础研究、应用研究、技术开发和产业化边界日趋模糊。

许多成果尚处于实验室阶段时就已申请专利并很快应用于市场。据统计，2007—2017 年，具有高融汇程度的世界热点研究领域数量逐步增加，从 121 个增加到 232 个。

技术革命加速扩散。自第一次科学革命以来，人类社会发生了 3 次重大技术革命。第一次技术革命以蒸汽机的发明和使用为标志；第二次技术革命以发电机和内燃机的发明和使用为标志；第三次技术革命以电子计算机的发明和使用为标志。目前，世界正处于第三次技术革命即信息技术革命加速扩散阶段。信息技术革命在历经原生技术群爆发、技术渐进扩散和应用后，迈入全面扩散的"拓展区"。其他技术领域的发展与信息技术融合更加紧密，同时自身领域发展不断深入，新兴技术呈现群体性跃升态势，为后发国家和地区的技术赶超带来"窗口机遇期"。信息技术成为科学研究和技术开发的普遍工具，信息技术的突破和应用为科学研究和技术开发拓展了空间。生物技术正在推动人类潜能超越生物限制，并向更加智能化和泛在化方向发展。新材料技术不断更新换代，绿色和低碳化发展趋势明显。先进制造技术向极限化、数字化和智能化方向发展。能源技术在"双碳行动"的背景下推动能源结构向绿色低碳方向转型，将出现创新型的能源系统。现代农业技术正在推动传统农业加快向多功能现代农业产业转变。

产业变革加速融合。与 3 次技术革命相对应，历史上发生了 3 次产业革命。第一次产业革命以机械化为主要标志，代表性产业是纺织业和机械产业等。第二次产业革命以电气化为主要标志，代表性产业是石化产业和汽车产业等。第三次产业革命以信息化为主要标志，代表性产业是信息通信产业等。当前，新技术革命引发的产业变革处于以信息通信产业为主导的第三次产业革命周期。信息技术创新与其他领域科学技术创新的融合速度日益加快，这种融合创新导致信息世界与物理世界、生命世界的渗透融合，产生各种杂交、变异的技术种群，带来难以预期的新技术、新产业、新业态和新模式。数字经济、共享经济、智能经济、物联网经济等正在释放巨大的发展潜能，部分产业创新进入无人区。这给发展中国家实现产业升级带来重大机遇。当前，融合创新突出表现在：一是新一代信息技术与其他领域的融合创新突破密集涌现，相互关联、相互依赖，形成你中有我、我中有你的发展新形态。二是信息技术与产业经济深度融合，新兴市场需求蓬勃兴起，新一代信息技术为制造业、交通运输业、零售业等传统产业赋能，数字经济、共享经济等加快培育成长，推动社会生产力大幅提升。5G、人工智能、量子计算、区块链、脑科学、合成生物学等技术不断涌现扩散，推动产业变革出现广阔前景。三是信息技术重大科技基础设施建设将推动经济社会发展基础实现质的跃升。5G网络推动消费互联网升级，真正开启工业互联网发展的新时代；云计算平台使计算成为普惠科技和公共服务，为万物互联的数字世界提供源源不断的新动力；人工智能加速社会向"人—人工智能—机器"结构演化，实现工业生产的高度自动化和无人化；量子计算机将在化学过程设计、新材料、机器学习新范式和人工智能等领域孕育更加重大的突破；区块链技术将重塑跨境贸易和跨境支付等领域的金融服务方式及服务模式。

新一轮科技革命和产业变革是后发国家和地区实现经济和技术赶超的难得机遇，同时也给他们带来重大挑战。一是大国博弈和科技竞争日益激烈，给世界带来的风险和不确定性大大增加。二是人口老龄化、全球气候变化、重大自然灾害、公共卫生突发事件等全球性问题日益突出，解决这些问题比以往任何时候都更需要科技提供答案。应对这些重大风险和挑战，要树立底线思维，超前布局，善于化危为机、转危为安。

（三）我国进入高质量发展阶段对科技创新提出更高要求

高质量发展意味着提高经济发展质量，优化经济结构，推动产业迈向中高端，实现速度、质量和效益的有机统一；意味着提高社会发展质量，解决社会发展滞后经济发展的矛盾，更好满足人民追求美好生活的需要，实现经济、社会、环境可持续发展；意味着提高科技发展质量，改善科技供给结构，培育形成更多国际一流的科技成果、科技企业、科技人才，更好发挥科技对经济社会发展的支撑引领作用。提高经济、社会和科技发展质量必然要求大力增强自主创新能力，特别是原始创新能力，提升科技国际化水平，突破制约经济高质量发展的关键核心技术，突破制约社会高质量发展的社会公益性技术，突破制约科技高质量发展的原创性技术和颠覆性技术。

当前和今后一个时期，我国发展仍然处于战略机遇期。抓住这个战略机遇期，要求科技创新由量的积累向质的飞跃转变，由点的突破向系统能力提升转变，由世界制造中心向世界创新中心转变。实现这些转变，一要发挥党中央统揽全局和集中力量办大事的制度优势，形成科技创新合力，提高创新效率。二要发挥超大规模的市场优势，我国有 14 亿多人口，中等收入群体达 4 亿多人，这是其他国家不能比拟的。三要发挥学科齐全和产业技术体系完整优势，我国制造业增加值 2010 年就超过了美国，占全球的比重 2020 年达到 30%，制造业竞争力排名仅次于德国。四要发挥庞大的人才队伍优势，2020 年我国拥有大学以上文化水平的人口为 2.18 亿人，在校本专科大学生 3300 万人，在校硕士生 270 万人，在校博士生 47 万人。同时，抓住战略机遇期，实现科技创新的战略转变，必须补齐我国市场发育和市场机制不健全、快速深度人口老龄化、基础研究和原始创新能力不足，以及关键核心技术缺乏、高层次人才短缺等不足和短板。

二、密切关注世界典型国家科技发展战略规划（计划）的新动向

最近一个时期，世界典型国家相继发布科技发展战略规划（计划），阐述本国科技发展的思路目标、战略重点和政策选择。美国力求在主要科技领域保持世界领先地位，英国提出确保世界领先的研究和创新活动继续蓬勃发展，俄罗斯明确重返世界五大科研强国的目标，日本要成为世界上最适宜创新的国家。各典型国家的科技发展战略规划（计划）出现新特点、新趋势。密切关注世界典型国家科技发展战略规划（计划）的新动向，对于我们制定一个既有全球视野又有中国特色的科技发展战略规划具有重要意义。

（一）世界典型国家科技发展战略规划（计划）的新动向

1. 更加强调构建引领未来的研究能力

由于全球竞争加剧和科技新浪潮的出现，未来更加充满风险和不确定性，"黑天鹅"和"灰犀牛"事件时有发生。为了减少未来不确定性的冲击，世界典型国家把构建引领未来的能力作为科技创新活动的战略选择。例如，德国《高技术战略 2025》明确提出"构建德国未来能力"，日本科技战略的着力点从《第五期科学技术基本计划（2016—2020）》开始，更加强调为未来做好准备的重要性。基础研究和挑战性研究不仅可以获得科学发现，推动颠覆性创新，而且有利于识别和应对风险挑战，增强国家核心竞争力和可持续发展能力，因而是构建引领未来能力的重要手段。

基础研究是科学技术的源头，是实现"从 0 到 1"原始创新的前提，各典型国家对基础研究越来越重视。例如，德国把加强科学和尖端研究作为构建未来能力的主要举措，通过实施卓越战略推进卓越研究，通过国家研究数据基础设施等平台建设提高科学知识的数字化水平，通过有效措施培养科学接班人确保科学研究的持续性和国际领先水平。俄罗斯在 2016 年 12 月出台的首个国家科技发展战略中把支持基础研究作为俄罗斯科技发展的首要任务，并在面向 2030 年的《国家科学技术发展计划》中提出确保对基础研究领域的投入占社会研发投入比重不低于 2015 年 14.4% 的水平、实施基础研究计划和增加科学储备、构建科技活动基础设施和发展独一无二的"大科学"项目等关键举措。

基础研究不只是以满足个人好奇心和科学发现为目的的纯基础研究，也包括面向产业应用且有可能产生颠覆性变革的挑战性研究。美国、日本和韩国在加强基础研究的同时突出强调挑战性研究。美国在 2019 年发布的联邦研发预算重点备忘录中提出，为保持世界科技领先地位，须继续支持大胆的思路和潜在的变革性研究的想法，各部门应支持敢于冒险的科技项目。日本推出了"登月型"研究开发计划，从全球吸引顶尖研究人员，采取灵活的管理方式开展挑战型研究，进一步提升基础研究能力以实现未来产业创造与社会变革。韩国在《第四期科学技术基本计划（2018—2022）》中提出大力支持自由探索型研究，加强支持各领域的基础研究，特别是具有独创性的基础科学研究和挑战性研究。

2. 更加突出科技创新应对经济社会挑战的重要使命

世界典型国家越来越认识到，科技创新不能只关注科技自身的发展，而应更加突出科技创新应对经济社会挑战的重要使命，且在其中发挥核心作用。例如，欧盟把使命导向型政策作为下一代研究与创新框架计划的着力点之一，重点选择大胆且具有鼓舞性、社会意义广泛的使命任务，并找到创新的解决方案来应对最紧迫的挑战。英国试图制定一项挑战导向型创新支持计划，识别新出现的产业和社会挑战，促进英国公司走在应对新挑战的商业化解决方案的前列。德国也把解决经济社会挑战作为科技创新聚焦的重点之一。

当前，世界各国既面临共同挑战，也面临各自特殊的风险。英国认为，全球面临人工智能和数据、清洁增长、老龄化社会及无人驾驶系统等四大挑战。德国的挑战主要集中在健康和护理、可持续发展和能源领域、交通工具、城市和乡村、安全、经济和工作4.0领域。日本面临实现可持续增长和区域社会自律性发展、确保国家安全和国民安全安心与实现富裕高质量生活、应对全球性气候变化和生物多样性等全球性挑战。依靠科技创新应对这些挑战，各典型国家制定了相应的科技创新推进计划，聚焦重点研究主题，加强官产学研合作。例如，日本聚焦防灾减灾、自动驾驶、智慧农业、智能医疗、药物研发、智能物流、网络安全、能源互联网等研究主题，实施战略性创新推进计划和官民研究开发投资扩大计划，并加强两大计划之间的衔接整合，重点向社会推广相关研究成果，探索出更加成熟的实施方案。

3. 更加聚焦新兴技术和前沿技术领域

新兴技术和前沿技术代表科技发展的方向，决定国家未来的竞争优势和可持续发展，是世界各国科技竞争的焦点。所以，各典型国家纷纷加强对重点新兴技术和前沿技术领域的布局，以获取和保持在这些领域的优势地位。

一是人工智能领域。美国、欧盟、日本和韩国等典型国家或地区都发布了人工智能发展战略，力图保持相关技术在世界的领先地位和成为人工智能强国。美国 2019 年发布《确保美国人工智能领先的行政令》《国家人工智能研发战略规划》，优先安排基础及应用研究投资。欧盟发布《人工智能协调计划》，提出使欧洲成为人工智能开发与应用的全球领先者，并确保人工智能发展始终遵循"以人为中心"的原则。日本实施人工智能应用计划，以人工智能技术实现超智能社会 5.0。

二是生物技术领域。日本出台《生物战略 2019》，提出到 2030 年建成世界上最先进的生物经济社会。俄罗斯发布《2018—2020 年生物技术和基因工程发展措施计划》，旨在扩大国内需求，推动生物技术产品开发和出口。

三是先进制造技术，重点是 3D 打印技术、自动驾驶技术、机器人技术等。美国发布《先进制造领先战略》，重点发展智能数字化制造和先进工业机器人及低成本分布式制造和连续制造技术（如生物制造）。韩国发布《制造业复兴发展战略蓝图》，旨在推动制造业复兴，使韩国成功跻身世界四大制造强国之列。

四是量子技术。美国发布的未来工业发展规划把量子技术作为重点发展的 4 项关键技术之一。日本在《量子技术创新战略中期报告》中提出举全国之力全面、战略性地推动量子技术创新，并提出推动量子技术创新的五大战略，即技术开发战略、国际化战略、产业创新战略、知识产权与国际标准化战略、人才战略。

五是信息通信技术，微电子技术和 5G 技术等是竞争的焦点。美国联合"五眼联盟"国家通过打压中国的 5G 技术扶持本国技术发展。日本发布《信息通信技术全球化战略》，旨在推动经济社会领域的数字化发展，实现联合国提出的可持续发展目标。

六是氢能技术。很多国家相继发布氢能发展战略，提出大力开发氢能技术和发展氢能经济。日本发布《氢能基本战略》，提出率先在全球实现"氢社会"。韩国 2019 年 1 月发布《氢能经济发展路线图》,目标是以氢燃料电池汽车和燃料电池为核心,把韩国打造成世界最高水平的氢能经济领先国家。

七是数字技术。各典型国家纷纷制定新的战略和政策,应对数字化时代的新需求和新挑战,确保本国创新生态系统向数字经济成功转型。俄罗斯希望以数字技术为支撑实现现代化转型,重塑经济大国强国地位。俄罗斯专门设立"数字经济"国家项目,增加全社会对数字经济的投入,构建稳定安全的高速传输、处理和存储大数据的信息通信基础设施。

4. 更加注重科技成果商业化和提高研发投资回报率

近年来,世界典型国家不断增加科技研发投入,期望依靠科技创新培育增长新动能。但从现实表现看,科技创新与经济增长之间的正相关关系并不明显,不少发达国家的经济增长依然低迷,其中一个重要原因是大量科技成果停留在实验室阶段,没有转化为现实生产力。科技成果的商业化以前在发达国家常常被认为是市场机制可以自动解决的问题,现在不少国家意识到,从科技成果到商品中间经过很多环节,并且冒着穿越"死亡谷"的风险,政府在补偿企业投资风险、增强企业创新创业动力方面可以发挥独特的作用。

曾经号称最自由主义的美国,如今对科技和经济活动的干预超过以往,企业家出身的前总统特朗普更加重视科技成果应用和商业化,要求政府部门把"从实验室到市场"作为努力方向,设法改善与私营部门和投资者的互动,提高研发投资的回报率。英国制定和实施一项新的催化计划,促进最有前景的技术实现商业化,确保商业网络以各种形式支持研究成果商业化。法国通过完善知识产权保护制度、简化公共科研转化程序、进一步鼓励公共科研人员参与创办企业等举措加快科研成果商业化的速度。俄罗斯制定并实施综合性科学技术方案,构建创新全周期支持机制,通过实施综合型科技计划和项目,发展科学城、推动产学合作,积极构建技术创新集群、研发 – 工程 – 生产联盟、科学教育中心、世界级科学中心等整合民用科研资源与相关经费,快速取得应用新技术的重大成效。

5. 更加强调完善教育体系和科技与教育的融合

教育特别是高等教育是科技活动的基础，不仅因为教育机构是培养人才的重要场所，而且教育机构本身也是科技创新特别是基础研究活动的重要主体。教育强才会科技强、经济强、国家强。因此，各典型国家特别重视教育发展和教育体系完善，把教育体系作为科技创新竞争力的来源。例如，美国2018年发布《STEM教育战略》，提出建设和利用多样化的高技能人才队伍，形成无缝的STEM教育培训生态系统，满足来自不同背景、不同地区的个人的需求，并适应工作场所及日常生活中对STEM知识和技能不断变化增长的需求。德国强调教育体系的全覆盖，既要覆盖从学前教育到继续教育的人生各阶段，也要覆盖任何出身背景的人；强调数字教育，培养劳动者在数字化环境中的工作能力；强调职业教育，与学历教育紧密衔接配合；强调继续教育，通过实施国家继续教育战略鼓励终身学习。俄罗斯希望保证高等教育的国际竞争力，培养科学、社会、经济基础领域和高科技人才，具体措施包括完善高校基础设施、为高校人才培养与科研活动提供足够支持、实施部门专项计划培养定制型人才、吸引国外学生赴俄罗斯留学、提供继续教育（终身教育）机会等。

6. 更加突出以人为中心的科技发展理念

"以人为中心"是西方国家最早提出的发展理念，人本主义思潮曾经盛极一时。在科技领域坚持以人为中心的发展理念就是要把人才放在科技创新的首要位置，尊重人才的创造力和价值，避免"只见物不见人"的倾向；就是要把依靠科技创新改善人民生活水平、提高人民生活质量作为出发点和落脚点，让每个人都能享受科技创新的成果。

世界典型国家都十分重视人力资源的开发，采取各种改革和政策落实激发人才的积极性、主动性和创造性。例如，俄罗斯通过发现并培养科技型人才、吸引国内外顶尖学者、奖励科研团体负责人、实施研发人才培养项目、设立科研人员临时和常设岗位等措施构建稳定高效的科学、工程和创业人才支持体系，开发国家智力资本。日本认为，在全球创新霸权争夺战日趋激烈的大环境下，日本的研究能力正处于危机之中，日本必须加大研发人才培养和资金投入，完善创新环境建设，拟出台研究能力强化与年轻研究人员援助一揽子计划，通过人才、资金、环境三位一体的改革，综合、彻底地加强日本的研究能力。韩国致力于建立以研究人员为中心的研究环境，长期支持研究人员在其研究领域进行深度研究。欧盟一直重视公民在研发与创新计划的设计与决策中发挥作用，不仅让公民参与预定议程和自上而下定义的社会挑战，而且考虑为公民和当地社区提供空间，让他们制定自己的议程、设计自己的活动并吸引利益相关者。

世界典型国家都把满足人民需要和提高人民生活质量作为科技创新的重要导向，因为政府研发投入是纳税人的钱，为纳税人服务是天经地义的事情。例如，韩国《第四期科学技术基本计划（2018—2022）》的核心目标是利用科技提高国民生活水平，发展科技服务人文社会，具体来说就是创造健康充满活力的生活、构建安定社会、营造幸福舒适的生活环境、实现和谐包容性社会。德国《高技术战略2025》的主题就是"研究与创新为人民"，其确定的研究项目和任务的最终目标是努力寻找能够提高生活质量、保护生存基础、保障德国经济在全球主要市场占据竞争优势的系统化解决方案。

7. 更加强调深化国际科技合作和全球创新合作伙伴关系的建立

当今世界，技术民族主义和保护主义抬头，逆全球化思潮涌动，科技和经济全球化遇到严重挑战，但由于世界各国已日益镶嵌于全球技术链、产业链和价值链体系之中，科技和经济脱钩虽绝非不可能但属于代价巨大的"零和博弈"，任何一个有理性的政治家、企业家和科学家都不会玩这种冒险游戏。因此，从长远看，科技和经济全球化是一个不可逆转的大趋势，加强国际科技合作、建立全球创新合作伙伴关系是世界典型国家的必然选择。

德国把保持并增强德国和欧洲研究创新体系的开放性、促进知识和人员的自由流动作为目标，促进与不同国家的双边合作，参与G7、G20等多边合作机制及在OECD、WHO等国际组织中发挥积极影响。英国在脱欧之后与欧洲国家的科技合作面临较大的不确定性，但英国依然认为保持和加强国际合作对研发和创新活动非常重要，将继续通过国际合作基金、全球挑战研究基金和牛顿基金等，在世界各地寻求强大的合作伙伴，确保在国际合作中赢得的良好国际声誉。俄罗斯实施双边和多边科技合作计划，构建与国际接轨的科研环境，推动俄罗斯全面融入全球科学体系。日本为了助力到2030年实现联合国制定的17个可持续发展目标，在制定或修订政府战略或计划时融入可持续发展目标，并加强国际合作；构建由民间部门主导的国际科技创新合作研究平台，推动大学和国家研究开发法人的国际化，共享科学知识及科研成果，推动国内外各类机构间合作。韩国强化科学技术外交战略，加强气候变化、地震、能源、环境等全球性问题的国际合作研究，同时建立以美国、中国、德国等第四次工业革命领先国家为中心的全球合作伙伴关系，支持国内企业进军海外。

8. 更加重视建立良好的创新创业生态系统

拥有良好的创新创业生态系统是世界主要创新型国家的共同特征之一。国家之间的科技竞争不再是个别大学、企业、研究机构等主体之间的竞争，而是创新创业生态系统的竞争。因此，世界典型国家都致力于建立和完善有利于激发创新创业活力的创新创业生态系统。

一是营造开放包容的创新文化。德国提出支持发展开放的创新与冒险文化，搭建有利于创新的框架条件，为创造性思想提供空间，吸引新的参与者积极投身德国创新。欧盟致力于建立创新大本营，完善欧洲生态系统，帮助资助者与欧洲和全球的价值链伙伴及全支持链伙伴建立合作。韩国为了活跃主体间、领域间融合与合作，大幅扩大开放型现场方式的融合式研究，探索建立政府资助研究机构、国家公立研究机构、专业研究机构等公共研究机构的有效合作体系，各部门建立促进技术、产业间合作的融合计划。

二是完善创业环境。日本进一步加强完善创业环境，扩大创业投资，构建起大学和地方广泛参与的"日本研发型创业生态系统"。韩国努力建立良好的创业生态环境，为大学和公共研究机构的优秀研究人员提供可以轻松创业的机会，强化支持公司内部风险投资，建立以民间为主导的风险投资生态系统。意大利教育大学与科研部资助高校设立燃创实验室，目的是创建一种创新创业教育平台，不同背景的学生及相关人员借此参与创业学习活动，增强创新能力和创新意识，助力孵化商业创意。燃创实验室致力于促进企业家精神和创新文化培育，促进跨学科新学习模式及与企业家精神密切相关的创新项目开发。

三是支持中小企业创新。日本通过为初创企业提供更多经费渠道、公共采购、构建创新原则为根本的法律框架等举措强化中小企业的企业家精神和创新力。韩国以中小企业作为培养创新增长动力中枢，构建以需求端为中心的企业研发支援体系，针对在中小企业研发部门工作的青年科学技术工作者实行年薪制度，培育有国际影响力的领军企业、中坚企业。

四是构建科技基础设施。科研仪器、大科学装置、数据信息等科技基础设施是开展高水平科学研究的重要条件。俄罗斯采取更新顶尖科研机构的仪器设备、组建国家数字化图书馆、提升国家知识数据库的国际声望、提高学术期刊入选国际引文数据库的数量等措施改善科技基础设施条件。美国把数据作为战略资产，优先及重点改进数据的可访问性和安全性，带动人工智能及其他新兴技术发展，打造数据技能娴熟的人才队伍。日本把数据视为数字化和智能化时代最重要的资源，构建能够安全、安心使用数据的环境，加强跨部门、跨领域的数据应用，推动数据开放和开放科学的发展。

英国研究与创新署最近发布 2022—2027 年战略，全面服务于英国全球科学大国和创新型国家的远景目标。该战略提出了 4 个变革原则：多样性，支持思想、人才、技能、活动机构和基础设施的多样性；连通性，在国家和全球范围内建立连接并打破研究和创新体系的孤岛；韧性，实现研究和创新体系的敏捷性和响应能力；融合性，把研究和创新融入社会与经济。战略提出了六大目标和优先事项：世界一流的人才和事业，让英国成为人才的首选地；世界级的场所，确保英国作为全球领先的研究和创新国家的地位；世界级的思想，让英国能够从新兴研究趋势、多学科方法及新概念和市场中抓住机遇，推进人类知识和创新前沿发展；世界级的创新，实现英国 2035 年成为全球创新中心的愿景；世界级的影响，帮助应对全球和国家挑战，创造和利用未来技术；世界级的组织，创新管理机构成为高效和敏捷的组织。

（二）几点启示

一是在发挥科技支撑作用的同时，更加突出构建科技引领未来的能力。支撑发展和引领未来是科技的两大功能，如果说改革开放前40年科技工作的主要精力放在了支撑发展和应对经济社会挑战上，那么未来30年科技工作的重心要向引领未来倾斜，因为建设世界科技强国意味着中国要成为世界主要的科学中心和创新高地，这就要求我们在一些重要的科技领域要具有引领世界的能力。构建科技引领未来的能力必须加强基础研究，基础研究投入至少达到世界典型国家平均水平；必须聚焦若干前沿技术领域，占领科技发展的制高点；必须瞄准颠覆性创新，抢抓新一轮科技革命和产业变革带来的重大机遇。

二是在重视科技成果转化的同时，更加突出科技成果供给和教育体系完善。与世界典型国家科技成果商业化欠缺不同的是，我国过度强调科技成果转化和商业化，对科技成果转化的政策支持力度远超任何一个国家，按照同样标准计算的科技成果转化率并不比其他国家低。当前，我国科技创新存在的突出问题不是科技成果转化率低，而是科技成果供给总量不足和供给质量不高，突出表现就是缺乏原始创新和关键核心技术，不少企业和产业处于"一卡就死"的被动局面。因此，未来的科技工作要克服短期行为和急躁情绪，从重视"摘桃子"向重视"栽果树"转变，把科研人员的主要精力引导到潜心科研上，把科研成果质量作为考核评价科研人员的核心指标，把科技成果转化的任务主要交给市场和企业。要加强科技与教育的融合，建立从早期教育到继续教育的终身教育体系，加快从应试教育向素质教育和创新教育转变，培养创新型人才和创新型企业家。

三是在不断改善科研条件的同时，更加突出以人为中心的科技发展理念。我国的科研条件与发达国家相比仍有一定差距和改善空间，但决定科研质量的不是科研条件而是人才质量。当前，高层次人才缺乏是我国科技创新发展的最大"瓶颈"。我国不仅缺乏从事基础研究和关键技术研发的高层次人才及产业领军人才，而且缺乏高层次的科技管理人员和具有大国工匠精神的技术型人才。因此，科技工作要更加突出以人为中心的发展理念，立足培养本土高层次人才，完善薪酬体系，建立有效的激励机制；不拘一格引进海外高层次人才和创新团队，建设世界一流的科技创新人才队伍。

四是在坚持自主创新的同时，更加突出开放合作创新。坚持走具有中国特色自主创新道路是我国科技创新的战略选择，因为只有自主创新才能彻底摆脱关键技术受制于人的被动局面，掌握科技发展的主动权。但自主创新从来就不是封闭创新，开放合作创新是其应有之义。今后，我们应更加突出开放合作创新，更加紧密地融入全球创新体系。一是与世界各国共同应对全球气候变化、防灾减灾、公共安全、可持续发展等共同挑战，建设全球创新共同体。二是加强中美民间科技交流合作，以中美民间科技交流合作助推中美全方位科技交流合作。三是继续开展中欧创新对话，加强中欧创新战略对接，深化各领域、各层次中欧科技合作。四是加强"一带一路"国际科技合作，提升发展中国家科技能力，建设"一带一路"科技创新共同体。五是主动发起并积极参与国际大科学计划和大科学工程，提升在国际科技治理中的话语权。

五是在支持科技创新的同时，更加突出营造良好的创新创业生态。支持科技创新是政府的基本职责，因为科技创新存在着市场失灵和外部性，短缺科技是科技活动的常态，政府适度干预可以缓解科技的短缺程度。世界主要国家都不同程度地给予科技创新直接或间接的支持，但这些国家的政府部门更加注重营造良好的创新创业生态，更好地服务于各创新主体。因此，我国也要把营造良好的创新创业生态放在更加突出的位置。一是切实转变政府职能，从管理型政府向服务型政府转变，完善全链条的科技创新服务体系。二是切实培育鼓励创新、宽容失败的创新文化，通过设立挑战型科技计划等方式支持高风险、周期长、原创性的科技项目。三是继续开展"大众创业、万众创新"活动，打造双创升级版，激发和释放全社会创新创业活力。

三、美国智库发布美国国家技术战略项目报告

（一）美国智库发布国家技术战略的背景

2020 年 9 月，美国智库新美国安全中心启动"美国国家技术战略项目"，旨在构建大国竞争背景下的国家技术战略框架。该项目至 2021 年 7 月结束，已形成 3 份系列报告，分别是《掌舵：迎接中国挑战的国家技术战略》《信任流程：国家技术战略的制定、实施、监测和评估》《从计划到行动：美国国家技术战略的实施》。这 3 份报告从技术战略内容、政策工具、组织实施路线图等方面为美国政府国家技术战略勾勒了基本框架。

美国智库研究制定国家技术战略并非出于自身技术发展的考虑，更主要的是应对中国崛起的挑战。第一，中国已进入创新型国家行列，尽管与美国的科技创新水平还有不小差距，但崛起的中国对美国的全球技术领先地位构成了直接挑战，这在美国社会已达成基本共识。第二，美国为应对中国挑战采取了包括科技脱钩在内的一系列措施，但舆论认为美国应对挑战的措施迟缓滞后、缺乏组织、支离破碎且效果不佳，因此，美国政府必须制定一项国家技术战略来应对中美之间的地缘战略竞争，以保持其在创新和技术领域的领导地位。第三，中国为了实现建设世界科技强国的战略目标，制定了"中国制造 2025"行动纲领、"一带一路"倡议等国家技术竞争政策。美国尽管也制定了《关键与新兴技术国家战略》《美国 5G 安全国家战略》等技术发展战略，但缺乏具体指导实施机制，因此制定一个整体而连贯的国家技术战略框架非常必要。第四，拜登政府把中国作为严峻的战略竞争对手，拜登上任后首次将总统科技顾问一职提升至内阁级，并要求其为美国科技发展的总体战略、具体行动及政府机构改革等提出建议。报告回应了拜登政府对制定技术战略的需求，将深刻影响拜登政府对华技术竞争战略决策。

（二）美国国家技术战略的主要内容及实施路线图

美国智库报告明确了指导政府资源分配的技术优先级模式、技术战略制定和实施应遵循的基本原则、执行国家技术战略的支柱行动，按照战略执行的政策过程确定每个阶段的核心目标和方法，提出国家技术战略的组织实施路线图建议，形成美国国家技术战略的完整框架。

1. 制定国家技术战略应遵循的基本原则

报告提出国家技术战略制定应遵循6项基本原则：一是积极主动，根据协商一致的战略愿景来确定其技术目标和优先事项，确保技术的发展始终符合美国的目标。二是兼容并包，最大限度地将各类投入要素纳入美国的科技基础范围之内，并将技术领域视为相互交织的知识网络的组成部分。三是举国参与，继续推进联邦政府在支持和指导技术研发方面发挥重要作用（特别是基础研究）。四是灵活弹性，将促进竞争力的积极措施（如研发、教育和供应链弹性等投资）和保护措施（如出口管制和关税）结合起来。五是反复迭代，定期重新审视决策及其前提假设，国家技术重点应随技术预测及全球背景的变化而做出相应调整。六是多边合作，充分利用盟友与伙伴关系合作网络优势，与盟友和伙伴合作解决技术政策问题。

2. 明确技术优先级

报告将技术划分为4个级别（或层次），并提出资源配置的技术优先序：一是尖端前沿技术，美国需要拥有全球最先进的能力。这些技术是新型数字经济的支柱技术（如人工智能、微电子）或潜在颠覆性技术（如量子计算）。二是世界领先技术（如电信技术和生物技术），美国应跻身于全球一流行列，即在全球范围内具备竞争力，并拥有与众不同的特定能力。三是快速跟进技术，美国拥有强大实力，但一开始并不一定世界最领先。四是超视距技术，包括以基础研究为主、涵盖各学科领域的研发投资，这对保障美国科技持续发展、保持技术领先地位至关重要。

3. 执行国家技术战略所需的支柱行动

报告提出四大支柱行动：一是提高美国的竞争力，包括增加研发投资、吸引和留住全球最优秀的科技人才、增强科技基础设施和资源的可行性。二是保护美国的关键技术优势，包括重新确定出口管制的目标、与盟友和伙伴国家就投资管制进行合作、抵制和减少不必要的技术转让、重组关键供应链。三是加强与盟友合作，包括加强双边和多边研究、创建人力资本网络、促进多边合作、开展技术政策合作。四是定期重新评估和调整技术战略，包括定期审查技术目标和基础假设、确保多方投入、评估美国政府技术发展和趋势的能力。

4. 制定实施国家技术战略的政策路线图

报告提出了制定、实施、监测和评估国家技术战略的 6 项原则：一是透明度与问责制相结合的民主价值观；二是明确战略愿景、优先事项与政策；三是政策过程必须可理解和可执行；四是构建正式沟通渠道；五是从流程开始即注重领域交叉；六是流程创新与技术创新保持同步。报告按照 3 个不同阶段提出制定实施国家技术战略的政策措施。在战略制定阶段，对现有工具、政府机构及其之间的分歧进行自我评估；具有符合战略愿景目标的领导及贯彻执行能力；招募合适的人才来评估和权衡优先事项；明确的战略责任委派。在战略实施阶段，赋予管理机构行政权力；组织中立的、跨学科政策协调平台；发布战略实施指南；推动能力建设和共同体建设；吸引外部利益相关方参与，建立统一的激励机制。在战略监测和评估阶段，要制定健全、可重复、更透明的监测和评估程序，以掌握战略方法和框架范围是否适当、何时或如何调整。

5. 改革联邦政府官僚组织架构

报告提出了 3 项具体改革措施：一是任命一名国家安全副顾问（DNSA）专职负责技术竞争事务，分别向国家安全顾问、国家经济委员会（NEC）主任和科技政策办公室（OSTP）主任汇报工作。二是成立常设的国家技术评估分析中心，组织开展技术竞争趋势分析与评估，建立跨部门的技术竞争分析共同体，促成学界及私营部门之间的信息协同合作。三是设立常设的跨部门技术竞争协调办公室，加强部门之间推进各支柱行动跨领域实施指南、预算规划指南及评估技术战略投资等方面的组织协调。

6.加强国家技术战略的组织实施

报告重点提出4项建议：一是改革强化商务部的职能、权力和资源。将商务部纳入美国情报系统，建立信息融合中心收集、整合大量开源和专有及特定信息；商务部工业和安全局应承担监管及保护美国技术供应链的责任。二是实施立法措施以降低供应链和技术转让的风险。授予商务部长审查、授予或拒绝授予外国公司在美国销售信息和通信技术及服务许可证的权力；为联邦政府解决数据隐私和间谍威胁提供充足余地。三是再造技术政策协调和实施流程。成立技术安全协调小组（TSCG），协调与技术和供应链相关的监管及政策行动。政府对"关键技术"进行统一定义，并创建制定优先级决策的框架和机制。四是提高政府建立国际技术合作伙伴关系的行政能力。在国务院设立技术伙伴关系办公室，管理美国的全球技术合作伙伴关系。

（三）加强统一部署行动，塑造技术竞争新优势

美国智库在报告中提出制定国家技术战略框架的初衷就是应对竞争对手的挑战。报告不仅明确了技术战略制定的基本原则、技术优先级及需要采取的支柱行动，而且勾画了技术战略实施的政策和组织路线图，针对性和操作性都很强。该战略在未来的中美技术竞争中极有可能全部或部分地得到实施，中美技术竞争加剧的态势不可避免。因此，我国应密切关注美国国家技术战略新动向，对其针对中国采取的竞争举措加强分析研判，及早加以应对，及时做出响应。

一是进一步明确关键技术攻关优先序。美国智库的报告认为，维持美国世界第一技术强国的地位并不意味着要在所有技术领域取得领先地位，这样代价高昂，并不现实且没有必要，因此报告提出设置技术优先级别。所以说我国建设世界科技强国，也不大可能在所有技术领域都做到世界领先。我国要进一步明确关键技术攻关的优先序，按照自主可控技术、补齐短板技术、强化长板技术、奠定长远优势技术等配置资源，涉及国家安全和核心竞争力

的关键技术必须做到自主可控，统筹考虑补齐技术短板和锻造技术长板，通过加强基础前沿研究奠定可持续发展的技术基础。

二是加强关键技术信息搜集分析。美国智库的报告在加强关键技术情报搜集分析方面提出不少具体措施，如设立联邦政府外国公司风险信息中心、国家经济和技术安全情报中心等。我国加强关键技术攻关必须完善国家科技信息体系，充分掌握国内外关键技术发展动态和趋势，据此制定关键技术攻关路线图，找准我国的关键技术发展路径。

三是加大关键技术攻关组织协调的力度。美国智库的报告提出多项举措加强技术竞争组织协调，如任命一名国家安全副顾问、设立常设的跨部门技术竞争协调办公室等。我国应充分发挥新型举国体制优势，加强央地之间、部门之间、区域之间关键技术攻关的统筹协调力度，整合多方资源实施重点突破，保障创新链和产业链安全。

四、明确科技创新发展的基本要求和重点

（一）科技创新发展的基本要求

改革开放以来，我国科技发展的基本思路经历了从"依靠、面向"到"自主创新、重点跨越、支撑发展、引领未来"的演进，对于贯彻落实"科学技术是第一生产力"战略思想，实施科教兴国战略和创新驱动发展战略，推动从大国向强国转变发挥了重要导向作用。进入新时期，国际环境和国内形势发生历史性、格局性变化，科技创新发展的基本思路要准确把握时代特征和要求，清晰阐明科技发展的动力、核心、基础和宗旨。我们要以习近平新时代中国特色社会主义思想和关于科技创新重要论述为指导，抢抓新一轮科技革命和产业变革带来的战略机遇，积极应对各种风险挑战，全面落实新发展理念，坚持"四个面向"，围绕科技创新支撑引领高质量发展，突出创新能力提升，突出创新体系完善，突出创新生态营造，突出以人为本，突出改革创新，推动构建以国内大循环为主体、国内国际双循环相互促进的新发展格

局，加快建设世界科技强国和社会主义现代化强国。

1. 自主创新是科技创新发展的动力源泉

"创新是引领发展的第一动力"是习近平总书记审时度势做出的重要论断，提升科技创新引领未来的能力是新时代的鲜明特征。坚持自主创新，就是贯彻科教兴国战略和创新驱动发展战略，坚持创新在实现"五位一体"发展和落实新发展理念中的引领作用，把创新驱动和要素驱动、投资驱动更加有机结合起来，更多依靠创新驱动的发展；把科技创新的支撑功能与引领功能更加有机结合起来，更加突出科技创新的引领功能；把坚持走中国特色自主创新道路与积极主动融入全球创新体系更加有机结合起来，更加强调自力更生，创造更多的先发优势。

从国际经验教训和国内外大势看，创新驱动是我国现阶段经济社会可持续发展的最佳模式选择。发达地区要走创新驱动之路，越是欠发达地区越是需要依靠科技创新，因为只有这样才能避免走传统工业化的老路。对于我们这样一个发展非常不充分、不平衡的大国，既要防止重回投资驱动的发展模式，也要防止发展模式向以虚拟经济为主要特征的财富驱动模式转变，因为财富驱动带来的不是财富的增加而是财富增长的停滞甚至缩水。美欧等部分西方发达国家的经济衰退正是由于这些国家在进入后工业化时代以后，出现了从创新驱动向财富驱动转变的趋势，导致实体经济与虚拟经济结构性失衡，而他们提出"再工业化"也是意在重回创新驱动发展模式，以解决经济结构性失衡和经济衰退问题。

2. 提高创新能力是科技创新发展的核心任务

国家之间科技竞争成败的关键在于创新能力高低，因此，科技发展要以提高科技创新能力为核心。一是加强基础研究和应用基础研究，增加基础研究投入和建立基础研究多元化投入机制，提高原始创新能力。二是提高关键核心技术突破能力，做到关键核心技术自主可控，彻底改变关键核心技术受制于人的局面，确保供应链、产业链安全；加强民生科技，支撑经济社会协调发展；依托优势创新单元整合全国科技力量提高战略科技能力，满足国家战略和安全需要。三是提高科技创新的基础能力，在若干战略领域加强重大科技基础设施建设，建立重大科技创新平台。四是提高各个创新主体的能力及体系化、集成化创新能力，推动形成科技创新与经济社会发展的良性循环。

3. 完善创新体系是科技创新发展的制度基础

国家之间的科技竞争不再是个别企业、大学和科研机构之间的竞争，而是创新体系的竞争。国家创新体系是决定科技发展水平的基础，加强科技创新，保障科技安全，必须构建系统、完备、高效的国家创新体系。[①]完善国家创新体系，要以国家实验室建设为抓手加强战略科技创新，以高校和国家科研机构为主体加强科学创新，以企业为主体产学研深度融合加强技术创新，以创新型城市和创新型园区为主体加强区域创新，提高国家创新体系整体效能。

4. 富民强国是科技创新发展的宗旨使命

富民就是依靠科技创新创造更多、更高收入的就业岗位，让人民过上富足安康的美好生活，它体现了科技创新以人为本的理念。强国就是以进入创新型国家前列作为中期目标，以建设世界科技强国作为长远目标，为实现社会主义现代化强国提供坚实的科技支撑，它体现了科技的战略使命。富民与强国是科技创新发展的两大宗旨，富民是强国的基础，强国是富民的保障，两者相辅相成，科技创新发展在资源配置和利益分配上要兼顾两者的平衡。

（二）战略重点

科技创新的战略重点可主要归结为 3 个方面，即创新能力、创新体系和创新生态。创新能力建设是核心，能力的提升需要持续积累和内生动力；创新体系建设是基础，无论是创新主体之间缺乏联系互动，还是创新要素之间缺乏衔接匹配，都会导致创新的碎片化和低效率；创新生态建设是保障，国

---

① 王志刚. 加强自主创新 强化科技安全 为维护和塑造国家安全提供强大科技支撑 [N]. 人民日报，2020-04-15（11）.

家和地区之间的创新竞争在很大程度上表现为创新生态的竞争，没有一个良好的创新生态就会缺乏创新创业的活力。科技创新应坚持创新能力、创新体系和创新生态建设"三位一体"，三者在紧密联系和相互影响中实现螺旋式上升，共同推动发展动力转换和高质量发展（图2）。

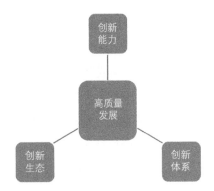

图2　创新能力、创新体系和创新生态与高质量发展的关系

1. 加强基础研究和前沿技术研究，提升原始创新能力

抢抓新科技革命带来的重大机遇，以原始创新和占领科技制高点为导向，选择若干重大科技问题和前沿技术问题开展探索性研究。健全基础研究多元化投入机制，引导具备条件的地方和企业增加对基础研究的投入。对企业基础研究支出实行更大幅优惠的税前加计扣除政策。支持基础研究主要是中央政府在科技领域的事权，但具备条件的经济发达地区，特别是北京、上海、粤港澳，以及成渝等建设全球或区域科技创新中心的地区要逐步增加基础研究投入，形成几个科学中心和创新高地。找准基础研究的突破方向，加强问题导向和应用导向的基础研究，加大对交叉融合项目、非共识项目及有可能引起颠覆性变革的项目的投入力度，突出"从0到1"的原始创新，使我国成为重要的科技创新策源地。借鉴国外经验做法，设立挑战性研发计划，支持大胆的具有挑战性的基础研究，创新项目形成和评价机制，从全球招聘研究人员，采取灵活的富有弹性的管理方式。

2. 按照"四个面向"要求，提升关键核心技术攻关能力

关键核心技术是买不来，也是要不来的，唯有自主创新、自立自强，所以必须要打好关键核心技术攻关战，做到关键核心技术自主可控。对于关键核心技术攻关，既要发挥企业技术创新主体作用，更要在市场失灵和组织失灵时发挥政府作用。以国家实验室建设为抓手加强战略科技力量，在涉及国家安全和国家重大战略需求的领域由国家主导建立一批国家实验室，对已经批准和正在建设的国家实验室，国家要加大投入力度，实施一批重大科技专项，主要开展多学科交叉融合的原创性、综合性研究。重组全国重点实验室体系，建设世界一流学科，培养世界一流人才，为战略科技力量提供储备。采用政府和市场作用有机结合的新型举国体制组织开展重大关键核心技术攻关，重点攻克影响产业核心竞争力甚至产业安全，且无法找到替代来源的关键核心技术问题。高校和科研机构要发挥自身科技和人才优势，面向市场和企业需求，把关键核心技术攻关清单变成科研清单。加大对民生科技的支持力度，增强科技创新对民生改善和满足人民美好生活的支撑能力，补齐民生科技短板。根据建设全球科技创新中心和世界科技强国的需要，按照轻重缓急有序布局一批重大科技基础设施。

3. 加快完善国家创新体系，提高国家创新体系整体效能

国家创新体系整体效能不高直接影响科技创新体系化能力提升，要以提高整体效能为重点完善国家创新体系。培育世界一流创新主体。在坚持党的全面领导的前提下，建设与现代化经济体系和高质量发展要求相适应的现代科研院所制度、现代大学制度和现代企业制度。真正把人才作为第一资源。建立有效的人才激励机制，立足培养本土人才，不拘一格引进高层次人才，更加重视青年科技人才培养，激发人才创新活力。创新科研组织模式。加强产学研用金介之间的有机联系互动，以及资金、信息、数据、人才、设施等创新要素的优化配置，利用大数据驱动创新，充分运用众包、众筹、众创、众享等创新模式。深化军民科技协同创新。加强军民两用技术双向转移转化，建立军民一体化的创新体系。深化区域协同创新。打造创新增长极和增

长带，在有条件的区域推进创新一体化，以区域创新推动区域协调发展。强化高新区、国家自主创新示范区的集聚、辐射和带动效应，加强与经济开发区、自由贸易试验区的政策联动，在创新发展上形成合力。充分利用数字化技术和智能化技术赋能传统产业，带动传统产业提质增效。利用新兴技术培育新产业、新业态，发展新经济，培育新动能，勇闯产业创新无人区，培育形成若干创新产业集群。

4. 深化科技对外开放和提升科技国际化水平

坚定不移深化科技对外开放，提升科技国际化水平，在扩大和深化开放中培育竞争优势和先发优势，在保持关键核心技术自主可控的前提下融入全球创新体系。一是加强创新主体开放。积极引进国外名校和科研机构在我国设立分支机构，同时鼓励我国的高校和科研机构赴海外发展。二是推进科技计划对外开放。按照对等原则有序推进科技计划对外开放，中国境内所有企业均可申请国家科技计划，提高科研经费中用于支持国际科技合作的比例。三是深化人才交流合作。在高校和科研机构中设置一定比例流动岗位在全球招聘科研人员，创新高层次人才引进方式，探索建立技术移民制度。四是加强政府间科技合作。与世界各国携手应对全球性挑战，建设全球科技创新共同体。把与欧洲的科技合作放在优先位置，深化中欧创新对话，增进彼此了解互信，加强中欧在农业、能源、气候变化、生物医药、装备制造等领域的科技合作。致力于维护中美科技交流合作不断，支持行业学会协会组织中美民间科技机构及各类创新主体开展多种形式的交流合作。五是深入实施"一带一路"科技创新行动计划。落实"一带一路"行动方案，建设"一带一路"科技创新共同体。

5. 系统优化创新生态，营造良好创新环境

以优化创新生态为保障，激发全社会创新创业活力。完善科技创新服务体系。围绕创新链配置服务链，建立从科技研发到产业化示范应用全链条的服务。以中华传统文化为主轴融合中西文化精髓。培育敢为人先、坚持不懈、挑战权威、宽容失败的创新文化。深化科教融合。引导教育体制从应试

教育向素质教育和创新教育转变，建立科教融合协同创新平台。加强科学普及和科学传播。加大科普投入，培养科学精神，提高全民科学素质，在全社会营造人人崇尚创新和人人参与创新的良好氛围。净化学风作风，发展负责任的科技，提高学术不端和违反科研伦理行为的违规违法成本。

五、强化科技创新发展的保障措施

（一）深化科技创新体制机制改革，增强创新主体活力

完善科技创新体制机制是推进国家创新治理体系和治理能力现代化的必然要求，是建设创新型国家和世界科技强国的必然选择，因此要继续深化科技体制改革和全面创新改革试验，在体制机制上争取新突破，进一步释放改革红利。一是构建社会主义市场经济条件下关键核心技术攻关举国体制。在涉及国家安全和国家重大战略需求的科技领域发挥举国体制优势，把市场配置资源的优势与社会主义集中力量办大事的优势有机结合起来。二是健全符合科研规律的科技管理体制。深化政府管理体制改革，推动科技管理向创新服务和创新治理转变。树立科学的评价导向，制定科学的评价标准、评价指标和评价方法，真正实施分类评价，强化专业化评估机构的评估主体地位。三是建立企业主导技术创新的机制。进一步强化企业技术创新主体地位，加强产学研深度融合，支持大中小企业和各主体融通创新，形成创新生态链。四是完善科技人才的发现、培养和激励机制。增加对科研机构特别是从事基础前沿研究和社会公益研究的科研机构稳定支持的比例，为科研人员心无旁骛开展科研创造良好环境。扩大科研机构科研项目经费使用权，探索与我国现阶段相适应的薪酬制度，提高科研人员待遇。

（二）完善国家科技计划体系，优化科技资源配置

国家科技计划是弥补市场配置科技资源失灵、引导科技资源优化配置的重要手段。我国现行的国家科技计划体系急需通过深化改革加以优化。一是

加大对民生科技的支持力度，增强科技创新对民生改善和满足人民美好生活的支撑能力。新冠肺炎疫情应对中充分运用了在线医疗、中医药介入、网络教育等多种科技手段，既突显了科技在应对疫情和民生改善中的重要性，也对与民生直接相关的科技提出了重大需求，包括民生科技项目研发、民生科技基础设施建设、民生科技人才培养等。在科技资源配置中要突出民生科技导向，加强各类计划之间的统筹协调，逐步提高民生科技在全社会研发投入中的比例。二是加大支持关键核心技术攻关的力度，提高关键核心技术自主可控能力。要在国家技术评价和预测的基础上梳理高新技术领域和新兴技术领域的关键技术并列出优先次序，根据发展需要和财力可能给予重点支持，重点突破制约产业高质量发展且没有替代来源的行业共性技术和关键核心技术问题。同时，要统筹考虑当前和未来需要攻关的关键核心技术，既要补齐发展短板，更要强化自身特色优势，支撑产业结构协调化和高端化发展。三是加大支持基础研究特别是应用基础研究力度，增强原始创新能力。大幅增加基础研究特别是应用基础研究（巴斯德模式）投入，力争基础研究研发投入占全社会研发投入的比重到2025年达到8%以上。四是加大支持战略科技力量的力度，满足国家安全和重大战略需求。围绕进入创新型国家前列和建设世界科技强国所需的战略技术、战略产品、战略产业设置一批重大科技专项。加大对国家实验室和国家重点实验室建设的支持力度，大幅提高稳定支持的比例。同时，充分调动地方和有关部门的积极性，形成支持国家实验室体系建设的强大合力。

（三）建立与高质量发展要求相适应的科技政策体系

随着我国社会主要矛盾、发展目标和发展阶段的变化，科技政策体系必须围绕高质量发展、满足人民美好生活、建设社会主义现代化强国和世界科技强国进行相应调整。一是加大财政对科技的投入力度，优化财政科技投入结构。确保到2025年研发投入强度达到2.5%以上，投入重点向基础研究、前沿技术研究、关键技术攻关、战略科技、民生科技倾斜。二是完善鼓励创新的税收优惠政策。继续实施并完善研发投入税收加计扣除政策，加大对科技型中小企业的税收减免力度，对创新产品消费给予个人所得税抵扣或补贴。三是深化科技与金融的融合。完善科技金融服务体系，对科技中小型企业、高新技术企业、科技领军企业等实行金融服务全覆盖，彻底解决科技型企业发展的资金"瓶颈"。四是建立符合国际惯例的国货采购政策。政府采购优先采购国货，对在中国境内的企业采取国民待遇原则。

推进国家创新治理体系和治理能力现代化

根据党的十八届三中全会精神，全面深化改革的总目标是"完善和发展中国特色社会主义制度，推进国家治理体系和治理能力现代化"。党的十九届四中全会通过了《中共中央关于坚持和完善中国特色社会主义制度 推进国家治理体系和治理能力现代化若干重大问题的决定》，对完善科技创新体制机制提出了明确要求。深化科技创新体制机制改革是全面深化改革的重要内容，是加快完善现代市场体系、促进创新要素自由流动的关键环节。推进国家创新治理体系和治理能力现代化应当成为深化科技创新体制机制改革、走中国特色自主创新道路的重要内容。

一、国家创新治理体系和治理能力现代化的内涵

国家创新治理体系是国家治理科技创新的制度体系，包括科技创新的体制机制和法律法规安排，具有多主体、多层次和互动性等特征；国家创新治理能力是运用国家科技创新制度管理科技创新事务的能力。国家创新治理体系和国家创新治理能力是相辅相成的两个方面，形成一个整体。完善的国家创新治理体系是提高国家创新治理能力的基础和前提，只有提高国家创新治理能力才能发挥国家创新治理体系的整体效能。

推进国家创新治理体系和治理能力现代化就是要构建系统完备、科学规范、运行有效的科技创新制度体系，使各方面科技创新制度更加成熟、更加定型。国家创新治理体系现代化至少包含三层含义：一是创新主体现代化，即各创新主体要建立既与国际接轨，又具中国特色的现代制度，包括现代政府制度、现代企业制度、现代大学制度、现代科研院所制度等。二是创新治理结构现代化，即创新利益相关方建立起分工协同的治理结构，实现创新收益最大化。三是创新政策现代化，实现"三个转向"，即从直接资助为主向间接资助为主转变，从微观管理为主向宏观管理为主转变，从需求政策为主向

供给政策为主、供需政策协同方向转变。国家创新治理能力现代化体现在：科学决策能力，即运用科学方法，依靠咨询机构科学制定规划、计划、政策及做出重大决策的能力；有效执行能力，即有效实施科技规划、科技计划、科技政策和科技重大决策并加以改进完善的能力。

二、从科技管理向创新治理转变

适应党的十八届三中全会提出全面深化改革的目标要求和党的十九届四中全会精神，我国科技管理应向创新治理转变，建立支撑科技创新的制度体系和制度执行能力。

（一）科技创新趋势要求科技管理向创新治理转变

按照联合国全球治理委员会的定义，"治理"是个人、公共或私人部门经营管理相同事务的诸多方式的总和，其基础是参与和协调，涉及公共和私人部门，包括正式制度和非组织安排。而管理是管理者执行计划、组织、指挥、协调、监督、控制等职能的全过程。因此，治理与管理是两个不同的概念，从科技管理向创新治理转变意味着理念上从管理向治理转变，内容上从科技研发向创新全链条转变。

创新不再是简单的线性或并行过程，而是系统化、网络化的交互过程。由于信息通信技术的飞速发展、大量公共创新服务平台的建立和创新工具的提供，创新不再是少数科学家和工程师的事，每个人都可以成为创新者。创新治理覆盖整个创新链，强调在创新过程中各创新要素的参与、互动、协同，因此更加适应系统化、网络化、个性化的创新要求。创新的复杂性、风险性和不确定性等特征越来越明显，创新治理的理念与创新的这一特征相契合，因为创新的复杂性要求建立跨领域、跨学科、跨部门、多主体的合作架构和制度体系，创新的风险性和不确定性要求各相关主体共同合作、共享收益、共担风险。

（二）从科技管理向创新治理转变的主要内容

从科技管理向创新治理转变，意味着科技管理思路和理念的变化，需要在治理理念、治理主体、治理内容、治理手段等方面做出调整，建立具有中国特色的国家创新治理体系，推进国家创新治理体系和治理能力现代化。

1. 树立以协调为中心的治理理念

传统科技管理比较强调计划和控制，创新治理则更加强调协调，包括：协调国内外的创新资源及活动，实现与各国共同发展的包容性创新；协调中央各有关部门的创新资源，加强创新资源的统筹使用；协调中央和地方的创新资源及活动，实现区域和城乡协调发展；协调产学研等不同创新主体的创新活动，利用科技计划和科技政策等手段引导产学研等多个主体之间加强协同创新。

2. 建立多元化主体共同参与治理机制

在传统的科技管理中，政府一般作为唯一或主要的管理者，而在全球化和互联网时代，由于知识信息的快速传播和信息不对称性的减少，使得各个相关主体共同参与科技治理成为可能。在创新治理体系中，政府仍然是重要的治理参与者，负责制定规则并监督规则的执行，营造鼓励创新、宽容失败的良好氛围等。企业、科研机构、大学，以及金融机构、中介机构等都是创新的重要参与者，是创新链和创新网络中的重要节点。随着政府职能的转变和权力的下放，基金会、专利代理机构、科技评估机构、科技咨询服务机构等社会中间组织必将大量涌现并在科技治理中发挥重要作用。

3. 涵盖整个创新链的治理范围

创新治理的对象不仅包括科学技术，而且延展到包括科学技术在内的整个创新链。改革开放以来，特别是党的十八大以来，科学技术日益受到高度重视，每年形成数以万计的科技成果，但其中能转变成产品形成产业的比例较低，也即科学技术向创新转化的链条没有完全打通，这是因为从科技成果向创新转变受到企业家、资金、工程技术人员、市场需求、消费者购买力等多种因素的影响。因此，政府部门在依靠财税手段支持科学技术发展的同时，重点应加强创新治理的力度，实现技术链、创新链、产业链、资金链的有效衔接，构建官产学研用金介等主体互动的创新体系。

4. 完善多手段创新治理工具箱

创新治理要求多手段并用，才能收到较好的治理效果。科技计划和科技政策是我国创新治理行之有效的手段，需要继续坚持并加以完善。除此之外，创新治理还要加强其他治理手段的运用，包括：加强各创新主体之间的交流和协同，提高创新治理的参与范围和程度；完善科技报告制度和创新调查制度，推进创新治理的公开化；加强技术预测和未来发展前瞻研究，做到习近平总书记所说的"向前展望、超前思维、提前谋局"；根据创新治理对象和内容选择不同的治理模式，如纵向治理和横向治理在治理模式上就有较大的差异。部省会商机制是加强国家和地方在科技创新发展中协同的机制，属于纵向治理模式；而部际协调机制是加强部门之间在重大科技创新发展事项中协调的机制，属于横向治理模式。

三、推进国家创新治理体系和治理能力现代化的举措

（一）加强国家创新治理体系建设的顶层设计和统筹协调

国家创新治理体系建设是推动我国从科技管理向创新治理转变的一项复杂的系统工程，是在新时期深入推进科技创新决策科学化的重大举措，需要加强国家创新治理体系建设的顶层设计，明确国家创新治理体系建设的思路、目标、重点和政策举措并加以有序推进。要把世界科技强国建设的顶层设计与国家创新治理体系建设顶层设计紧密结合起来，最大限度地消除阻碍创新的体制机制障碍，释放广大科研人员和创新者的潜能，释放创新主体的创造激情，释放改革和制度红利。在国家层面加强对全国科技创新活动和跨行政区域创新活动的统筹协调，如强化科技政策制订和落地、优化科技资源布局、组织实施国家重大科技专项、加强基础研究和前沿技术研究、加大科技创新基础设施建设力度、培育发展高新技术产业和战略性新兴产业、培养

创新人才等。

（二）完善国家创新治理体系

重点是理顺政府与市场的关系，理顺政府与各创新主体的关系，把政府职能真正定位于营造创新环境和弥补市场失灵的科技领域，凡是依靠市场配置资源可以充分发挥作用的科技领域都应让位给市场；理顺中央和地方的关系，理顺中央各部门之间的关系，明确中央各部门和地方的职能、事权和财权，建立规范有效的纵向和横向创新治理体系；以建立现代科研院所制度、现代大学制度和现代企业制度为目标，继续深化科研院所、高等院校和国有企业改革，激发创新主体活力；大力培育发展科技创新中间组织，建立多元化的创新治理主体。

（三）改进国家创新治理机制

国家创新治理机制是使不同的创新治理主体相互联系并有效发挥作用的实现方式，是实现良好的国家创新治理的组织和制度保障。一是改进国家创新治理的组织机制，统筹科技、经济、产业、金融等部门的创新管理职能，加强创新资源的统筹配置及科技政策和经济政策的有效衔接。二是改进国家创新治理的决策机制，扩大决策参与范围，引入民间和社会公众力量参与决策，提高决策科学化和民主化水平。大力发展各种形式的科技中介组织，提高其专业化服务能力和信誉度，为科技创新提供全过程的服务。三是改进国家创新治理利益机制，在把部分创新治理事权让给市场和下放地方的同时，也要把创新收益权更多地让渡给市场相关利益主体和地方。

（四）采取多样化的国家创新治理工具

国家创新治理工具可分为结构式控制工具、合同式诱导工具和互动式影响工具3种。结构式控制工具指基于权威而产生的带有强制性的政策工具，如科技法律法规、部门规章等。合同式诱导工具指基于合同等经济手段实施的政策工具，如政府采购、项目资助、科技贷款等。互动式影响工具指基于多方互动和影响力而实施的政策工具，如创新对话、创新论坛、科技咨询等。当前，结构式控制工具仍然是重要的国家创新治理工具，但随着市场在科技资源配置中逐步发挥决定性作用，以及在科技创新决策中更加强调民主化，合同式诱导工具和互动式影响工具将得到更多的应用和扮演更重要的角色。

（五）营造国家创新治理的良好政策环境

完善科技创新的法律法规体系，使法律法规覆盖到科技创新的各个方面，做到科技创新有法可依，尤其要增强科技创新法律法规的约束性、权威性。规范科技创新部门规章的出台程序、发布主体，尽量避免政出多门；对现有的科技创新部门规章进行总体评价和分类评估，对于关系重要科研主体和科研活动的部门规章可以上升到法律法规层面，对于执行良好的部门规章根据实际情况需要适时做出调整。建立以人为本的科研项目和经费管理制度。改革科技评价和奖励制度，树立正确的评价和奖励导向，把分类评价、全过程评价的理念贯穿到科技评价工作中。完善鼓励创新的各种政策工具，尤其是从需求角度拉动创新的"需求面"政策。深入研究如何利用政府采购制度、税收优惠和财政补贴等政策工具支持自主创新产品。

四、建设具有中国特色的宏观科技创新组织体系

（一）我国宏观科技创新组织体系的现状和存在的问题

宏观科技创新组织体系是国家科技创新治理体系的重要组成部分，指在国家层面组织开展科技创新活动的体系架构和制度规则，一般由协调机构、主管机构、咨询评议机构、监管机构等构成。建设具有中国特色的宏观科技创新组织体系，对于落实国家创新驱动发展战略和政策、优化科技创新资源配置和提高科技创新资源配置效率具有重要的组织保障作用。

随着经济体制和科技体制改革的不断深入，我国逐渐形成了相对完整的

宏观科技创新组织体系。一是为了加强对科技工作的宏观指导和对科技重大事项的协调，成立了国家科技领导小组，其在科技方面的职责包括：研究、审议国家科技发展战略、规划及重大政策；讨论、审议国家重大科技任务和重大项目；协调国务院各部门之间及部门与地方之间涉及科技的重大事项。[①] 另外，还成立了关于科技工作的部际协调机制和部省会商机制。二是建立了以科技部为宏观科技主管部门，国家发展改革委、财政部、教育部等近40个具有科技管理职能的部门构成的宏观科技管理组织体系。三是形成了由一批具有科技决策咨询职能的机构和专业化的科技决策咨询机构构成的科技决策咨询体系。四是建立了由外部监管机构和内部监管机构等共同构成的科技监管体系。

　　然而，我国的宏观科技创新组织体系还存在与实施创新驱动发展战略和建设创新型国家和科技强国不相适应的地方。表现在：科技管理职能分散，部门之间、部门与地方之间统筹协调力度还需加强；科技创新咨询机制尚需进一步制度化、规范化，科技创新咨询水平亟待提高。因此，借鉴主要国家宏观科技创新组织体系建设的经验教训，根据中国的科技创新工作实际，建立具有中国特色的宏观科技创新组织体系具有深远的现实意义。

（二）主要国家宏观科技创新组织体系的基本情况

　　不同国家由于政治体制、经济体制、发展战略、发展阶段和历史文化等方面的差异，其宏观科技创新组织体系往往存在较大的差异，并且随着时间的推移和环境的变迁而发生较大的变化。但分析研究表明，不同国家的宏观科技创新组织体系也有很多相似甚至共同的地方。找出不同国家宏观科技创新组织体系的共同特征和演变趋势，对于完善我国的宏观科技创新组织体系具有借鉴和启示作用。

　　1. 美国

　　美国具有比较完善的法制和发达的市场经济体制，与之相适应，逐渐形

---

① 《国务院办公厅关于成立国家科技领导小组的通知》（国办发〔2018〕73号）。

成了相对稳定、多元分散化的宏观科技创新组织体系。美国政府的科技创新管理职能分散在行政、立法、司法三大系统之中。行政部门负责提出科技创新立法建议并执行科技创新法案,组织实施科技创新计划和项目;立法部门审批最终科技创新预算和通过科技创新法律;司法部门主要负责对科技创新法律条文的最终裁定。其中,行政系统具有最多的科技创新管理职能并分散到不同部门,这些部门包括国防部、卫生部、能源部、商务部、农业部、运输部、环保局、国家航空航天局及美国国家科学基金会等。部门之间的政策协调通过总统科技顾问委员会、美国科技政策办公室和美国国家科学技术委员会执行。美国国家科学技术委员会是总统协调各部门科技创新政策及各联邦政府研发机构的主要机构,它从联邦政府角度制定符合美国利益的科技创新发展战略和发展计划。美国科技政策办公室的主要职能:协助总统科技顾问的工作,向总统及总统办公室的其他人员提出建议,牵头制定和实施完整的科学技术政策和预算,与私营部门合作以确保联邦政府的科技投入能促进经济繁荣、环境改善和提高国家安全,在联邦政府、州政府、地方政府及国家和科学团体间建立强有力的合作关系,评估联邦政府科技活动的规模、质量和成效等。[①] 美国十分重视高级科技顾问在科技决策中的作用,在艾森豪威尔和杜鲁门执政时期就成立过总统科学技术顾问团,在布什执政时期成立了总统科技顾问委员会,目的是听取来自民间、企业、高校、科研机构和非政府部门对国家科技创新发展问题的意见和建议,并提出对国家科技创新发展的政策建议。该委员会虽属于咨询机构性质,但拥有较大权力,有权要求政府各部门首长在法律允许的范围内,向其提供有关工作信息。

2. 日本

日本作为后起的发达国家重视政府在促进科技创新中的作用,采取了集中与分散相结合的宏观科技创新组织体系。文部科学省负责根据政府确定

---

① 刘远. 美国科技体系治理结构特点及其对我国的启示 [J]. 科技进步与对策,2012,29(6):96–99.

的科技创新综合战略和方针，制定统一的科技创新政策，制订和实施研究开发计划，完善研究开发环境，推进尖端技术研发。文部科学省下设立了一些科学技术学术审议会，其主要职责是就综合性振兴科学技术和学术的重要事项，向文部科学大臣提出各种政策性的意见和建议。经济产业省、农林水产省、厚生劳动省、总务省、环境省、防卫厅等部门则分管各自领域的科技创新工作。为了加强这些部门之间的横向联系，建立了联络会制度，主要交流各部门的发展规划、研究开发重点、研究开发计划的进展情况等。日本综合科学技术会议则是制定综合性的科技创新政策，并对各部门进行统筹协调的机构，具体职责包括：根据首相要求，调查、审议科技基本政策；调查和审议科技经费、人才、资源分配方针，以及发展科技的重要事项；评价大规模的研究开发和国家的重要研究开发；必要时可以就有关科技政策和重要事项主动向总理或有关大臣陈述意见。2013 年，日本召开综合科学技术会议，探讨如何强化政府的指挥塔功能，以"彻底的强化措施，发挥前所未有的强大推动力"整体推进国家的科技政策。为改善各部门分头推进科技创新的现状，推动由综合科学技术会议负责科技创新相关预算分配，并参与选定在促进经济发展方面应重视的研究主题。同时，综合科学技术会议还负责制定国家未来发展的科技长期目标，并制定进度表以落实长期目标。日本在综合科学技术会议的协调下成立科学技术创新战略协议会，参加协议会的人员包括政府官员、科研人员、产业界人士、NPO 法人等，其宗旨是加强各方联系，以利于在产学官广泛参与的基础上进行决策。

3. 韩国

韩国的宏观科技创新组织体系根据宏观环境的变化和执政者的更迭不断调整，但总的趋势是政府的宏观科技创新管理职能和统筹协调职能不断加强。20 世纪初，韩国先是在经济计划院下设立技术管理局负责科学技术管理工作，后来为了强化科技管理机构的作用又在 1967 年将技术管理局升格为相对独立的科技处（副部级）。1998 年，韩国政府在亚洲金融危机之后对国家科技管理体制和政策进行了重大改革和调整，原"科技处"升格为"科技部"

并进入内阁，科技部地位大大提高，管理权限相应扩大，具有协调部门间科技政策和监督落实的职责。2004 年，为适应科技立国战略的需要，韩国再次提高科技部的地位和权限，把科技部长升格为副总理级，进一步强化了科技部的宏观管理职能。2008 年，韩国对科技部的职能进行拆分，科技部的人才培训、基础科学政策等归入新成立的教育科技部，产业技术研发等职能归入新成立的知识经济部，但这种拆分弱化了科技部作为"科技政策控制塔"的作用，国内不断出现要求恢复设立科技部的声音。因此，2013 年韩国新政府上台后成立未来创造科学部，负责科学技术、信息通信和邮政事业等，在内阁中的排名升至第二。为加强各有关部门科技创新的宏观统筹，1972 年韩国设立了由国务总理担任主席的综合科学技术审议会，担任国家最高科学技术协调机构的角色。1988 年，韩国政府成立了负责科技宏观决策和统筹职责的科学技术委员会，并由副总理任委员长。1999 年，韩国政府在科学技术委员会的基础上成立了由总统挂帅、科技部为秘书处的非常设机构——国家科学技术委员会，负责制定科技发展规划、开展部门间政策协调、决定科技经费预算分配原则等。2011 年，为弥补科技部拆分后出现的科技宏观协调能力不足的弊端，韩国政府把国家科学技术委员会改为常设机构，负责统筹和管理研发政策、协调与配置研发预算等，以强化政府宏观统筹科技活动的能力。韩国还建立了较为完善的科技决策咨询体系。从 1982 年开始，韩国每季度都要召开一次科技振兴扩大会议，总统任会议主席，政府各部门负责人、科技界、企业界代表参加，主要检查科技创新发展情况和科技创新政策实施情况等；每月召开一次技术促进审议会，总统任会议主席，政府各部门负责人和各研究机构专家代表参加，分析国际科技创新发展动向，审议科技创新发展规划，就科技创新的重要问题提出具体对策。[1]1991 年，韩国还成立了总统科学技术咨询委员会，直接为总统提供科技咨询服务。

---

① 徐峰 . 韩国科技管理体制发展与演变探析 [J]. 世界科技研究与发展，2012（3）：523–526.

4. 德国

德国奉行社会市场经济制度，建立了集中协调型的、相对稳定完善的宏观科技创新组织体系。联邦教育与研究部是德国的宏观科技管理部门，其在科技方面的主要职责包括：制定并组织实施科技规划和科技政策；协调各部门和各州的科技活动指导科研机构的科研工作，促进基础研究、公益型研究和高技术领域研究；促进国际科技合作等。为了加强各部门之间和部门与州政府之间科技活动的统筹协调，1970 年德国成立了联邦和州教育及研究促进委员会，专门负责协调联邦政府与州政府之间的科技政策和规划；1974 年又成立了由联邦总理和各部部长组成的内阁教育、科学和技术委员会，专门负责协调联邦政府内各部门的科技规划和政策；[①]2007 年，德国又成立了科学联席会，专门负责协调联邦和各州科研规划和政策，制定科研中期规划，并就联邦各州科研资助和重点资助计划的制订提供咨询建议。

5. 法国

法国的宏观科技创新组织体系随着不同党派政府执政的变化而变化，但总的趋势是强化科技创新主管部门的作用，促进科技创新与经济社会发展紧密结合。目前法国的宏观科技主管部门是研究与技术部，其主要职责是制定和协调全国的科技政策，协调科研和教育工作，对科学与教育活动仅宏观管理，给予高等教育部门和科研机构更大的自主权，审查和评价高等教育和科技工作。法国国家科研署的职能是促进基础研究、应用研究和创新，确保国家科研战略和政策的实施，推动公共与私人部门合作，促进科研成果向产业界转移。法国工业创新署则重点支持大型企业的创新行动、大型企业与小型企业的合作项目，以及具有工业前景的应用研究项目。产业邮电通信部、环境部、农业部、经济财政部、国防部等政府部门也有所辖领域的科技管理权。各部门之间的统筹协调职能由法国科技部际委员会执行，它由研究与技

---

① 安宁，罗珊. 德国科技资源的优化配置及其对我国的启示 [J]. 云南师范大学学报（哲学社会科学版），2008（4）：136–140.

术部、国民教育部、经济财政部和其他相关职能部长或部长级代表组成，政府总理主持会议，负责确定涉及研发和技术创新领域的方针政策、科技优先领域、有关科技立法审议，专项计划和行动的制定和实施，以及参与经费分配决策和监督等。法国还成立了由科技界的高水平、高层次人士组成的科学与技术高等理事会，它是一个咨询机构，主要任务是向总统和政府报告科学与技术创新政策方面的各种问题，把握科技发展方向。

6. 俄罗斯

2012 年，俄罗斯提出建设"新经济"，希望通过提高效率和技术研发能力等措施发展创新型经济，力争使俄罗斯在未来几年跻身世界前五大经济体。为此，普京正式就职后立即改组梅德韦杰夫时期的"经济现代化和技术发展委员会"及普京本人担任总理期间成立的"政府高新技术和创新委员会"，新成立直接隶属于总统的"经济现代化和创新发展委员会"，作为新时期俄罗斯加强创新宏观管理的战略决策机构。委员会的主要任务是向总统提交有关确定经济现代化和创新发展主要方向及机制的建议，协调联邦政府部门、地方行政主体、地方自治机构、企业和专家团体在经济现代化和创新发展领域的行动，确定国家调控经济现代化和创新发展的优先方向、形式和方法，协调并保障各地区制定支持研发及其成果商业化的措施等。俄罗斯联邦科学与高等教育部主管国家科技创新活动，负责制定科技创新法律法规和政策，为科技创新活动提供资金支持和信息保障。俄罗斯还建立了总统顾问制度，在科技创新领域向总统提供咨询建议并协调相关科技创新活动。

（三）主要国家宏观科技创新组织体系建设的基本经验

世界各主要国家在创新发展过程中，积累了宏观科技创新组织建设和改革的有益经验。尽管我国与世界其他国家存在政治体制、经济体制、发展战略、发展阶段和历史文化等方面的差异，我国不可能照搬国外宏观科技创新的组织模式，但探究这些国家宏观科技创新组织体系建设的基本经验，对于当前我国正在开展的科技体制改革，以及完善我国的宏观科技创新组织体系无疑具有借鉴和启示作用。

1. 设立科技创新最高决策协调机构，加强科技创新宏观统筹协调

世界各主要国家纷纷把科技创新作为国家的核心发展战略，而科技创新涉及科技、知识产权、产业、财政、金融等诸多部门，因此，尽管这些国家采取了不同的宏观科技创新组织体系模式（如美国多元分散化的模式、日本集中与分散结合的模式和德国集中协调型的模式），但都设立了科技创新最高决策协调机构，以加强科技创新资源的优化配置，提高科技创新绩效。科技创新最高决策协调机构的主要职责是协调各部门科技发展规划、科技创新政策、科技创新优先领域、科技预算等。形式有非常设机构和常设机构两种，非常设机构比较常见，如美国的国家科学技术委员会、法国的科技部际委员会、俄罗斯的经济现代化和创新发展委员会、日本的综合科学技术会议等；韩国的国家科学技术委员会于 1999 年设立时为非常设机构，2001 年改为常设机构。从构成来看，其负责人都由总统或总理担任，成员由主要部门负责人组成。

2. 设立科技创新最高决策咨询机构，提高科技创新决策科学化水平

由于科技创新的专业性、复杂性和风险性，世界各主要国家一般都设立了科技创新最高决策咨询机构，以减少科技创新决策风险，提高决策科学化水平。例如，美国成立了总统科技顾问委员会，韩国、俄罗斯设立了总统科学技术咨询委员会，法国成立了科学与技术高等理事会。这些机构尽管名称各不相同，但职能都是为政府提供科技咨询服务。上述科技创新最高决策咨询机构在制定国家科技创新发展规划、战略和政策方面发挥了重要作用。

3. 设立科技创新管理机构，强化科技创新管理能力

为了加强对科技创新的宏观管理，世界各主要国家都设立了科技创新管理部门或机构，由于管理体制和发展阶段的不同，各国科技创新管理部门的职责和形式有较大差异。①设立独立的科技创新管理部门或机构。包括两种类型：一是以美国的科技政策办公室为代表，主要是政策协调和预算统筹，职权相对较小。二是以韩国、印度科技部为代表，作为宏观科技创新管

理部门的科技部具有较大职权，除政策协调和预算统筹外，还具有科技规划制定、科技计划和重大科技项目管理权。②没有独立的宏观科技创新管理部门，与其他管理部门职能整合在一起。一是与教育管理部门合二为一，如日本的文部科学省、德国的联邦教育与研究部、法国的研究与技术部、俄罗斯的联邦科学与高等教育部。二是与工业管理部门合二为一，如英国的贸易工业部，澳大利亚的联邦创新、工业与科研部。

4. 设立科技创新相关部门联席会议制度，加强部门之间沟通协调

不管一个国家是否设有独立的宏观科技创新管理部门或机构，也不管它采取何种形式，科技创新活动都不可能集中在一个部门或机构管理。由于科技创新活动分散在不同部门或机构，一些国家设立了科技创新相关部门联席会议制度，以加强这些部门或机构之间的横向联系，落实科技创新最高决策协调机构的决策。例如，日本与科技创新相关的部门就包括文部科学省、经济产业省、农林水产省、厚生劳动省、总务省、环境省、防卫厅等部门，日本通过联络会制度加强这些部门之间的横向联系，交流各部门的发展规划、研究开发重点、研究开发计划的进展情况等。德国在 2007 年成立的科学联席会也是为了协调联邦及各州科研规划和政策，以及就联邦及各州科研资助和重点资助计划的制订提供咨询建议。

（四）政策建议

1. 加强科技创新最高决策协调机构功能，深入实施创新驱动发展战略

当前，我国开启了社会主义现代化和世界科技强国建设的新征程，科技创新的任务十分艰巨，应进一步加强宏观科技创新决策协调机构的功能，统筹协调中央各部门之间、中央和地方之间的重大科技创新活动，并就重大科技事项做出决策，包括中长期科技发展规划和重大科技创新政策制定、重大科技创新专项设立、重大科研基础设施和科研机构布局、科技创新预算制定、中央和地方科技创新规划和政策对接等。

2. 完善科技创新决策咨询体系，推进科技创新决策咨询制度化和规范化

改革开放以来，尤其是近年来，我国的科技创新工作注重发挥咨询机构和专家的作用，科技创新决策的民主化和科学化水平不断提高。但应该看到，我国科技创新决策咨询还不够制度化、规范化，咨询机构的能力和水平与国际同行相比还有较大差距。因此，完善科技创新决策咨询体系，首先要实现科技创新决策咨询制度化、规范化。充分发挥国家科技咨询委员会在国家科技发展战略和规划制定、重大科技创新专项的设置、科技创新政策的制定实施等方面的决策咨询作用。各地和各有关部门都应成立科技咨询委员会，形成完善的科技创新决策咨询体系。完善科技创新决策咨询体系必须加强科技创新智库建设，通过政策引导、稳定支持建设一批具有国际视野、国际水平、独立公正的科技创新智库。

3. 强化宏观科技主管部门"指挥塔"作用，提高国家科技规划和政策的执行力

世界各主要国家宏观科技创新组织体系演变的经验教训表明，国家宏观科技主管部门的科技创新政策"指挥塔"作用需要强化，以提高国家科技规划和政策的执行力。我国的宏观科技管理部门在推动发展方式从要素驱动和投资驱动向创新驱动发展转型、加快科技创新和科技进步方面发挥了重要作用。为适应世界科技强国建设的需要，应进一步明确国家宏观科技主管部门在创新驱动发展战略实施中的主导地位，落实习近平总书记对科技管理工作提出的"抓战略、抓改革、抓规划、抓服务"的要求，加强科技创新规划、计划、政策的协调，科技创新资源的优化布局，以及科技创新预算的合理统筹，从而充分发挥政府在科技创新中的积极引导作用，提高科技创新投入产出绩效。

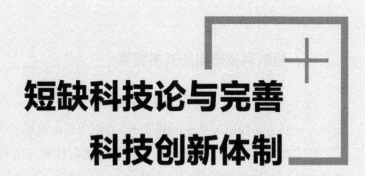

短缺科技论与完善
科技创新体制

> 　　短缺科技是指科技供给总是不能满足科技需求的科技现象，既表现在总量也表现在结构上科技的短缺。短缺科技的形成与科技创新体制机制不完善有很大关系，要缓解和消除科技的短缺必须完善科技创新体制机制。

一、短缺科技提出的基本背景

匈牙利经济学家亚诺什·科尔内在观察研究传统社会主义制度时发现，短缺是社会主义经济的基本问题之一，[①] 因而提出短缺经济的概念，并对此进行了深入系统的研究。短缺经济的特征会随着计划经济向市场经济的过渡逐渐消失，但短缺科技在任何经济体制和运行机制下都会存在。科技的短缺成为常态，尽管短缺的程度在不同历史时期、不同国家或地区、不同科技领域及同一科技领域的不同发展阶段有所差异。

从世界科技发展史看，科学技术伴随着人类的生产生活和经济社会发展经历了数以千年的渐进或停滞的演变历程。17世纪末诞生了以牛顿经典力学为代表的近代科学，经由18世纪科学、技术与经济的相互融合及理论和实践的铺垫，科学技术到19世纪进入了史无前例的加速期和爆发期，19世纪也被誉为科学的世纪，[②] 近两个世纪创造的科技成果更是远远超过以往几千年创造的科技成果的总和，当前的新一轮科技革命和产业变革正在并将继续产生大量颠覆性创新成果。尽管人类取得了如此巨大的科技成就，但当我们面对重大疾病防治、重大灾害治理、重大气候变化应对等严峻挑战时，科技有时依然显得无能为力。

从国内情况看，新中国成立后，党中央及时向全社会发出"向科学进军"

的伟大号召，逐步建立起比较完整的科学技术体系，在经济基础十分薄弱的情况下凭借自力更生精神依然取得"两弹一星"、人工合成牛胰岛素等重大科技成果。改革开放40多年来，我们把科学技术作为第一生产力，坚定实施科教兴国战略、人才强国战略和创新驱动发展战略，深入贯彻新发展理念和"创新是引领发展的第一动力"的思想，在深化科技体制改革和扩大对外科技开放合作中培育创新发展动能。我国的科技创新能力按照世界知识产权组织2020年发布的排名已跃升至世界第12位，标志着我国已经进入创新型国家的行列。然而，站在新的历史起点上，不可否认我国的科技创新还存在基础研究薄弱、关键核心技术缺乏、重大科技基础设施不足等短板，与世界主要发达国家特别是与美国相比还有很大差距，短缺科技的特征十分明显。

按照习近平总书记提出的科技发展"三步走"的战略目标，我国要如期进入创新型国家前列和建成世界科技强国，必须要提高科技高质量供给能力，努力成为世界的主要科学中心和创新高地，① 大幅缓解短缺科技的现状。我国短缺科技的形成既源于科技需求的无限性与科技供给的有限性这一普遍性矛盾，又根植于科技创新体制机制不完善这一深层次原因。本文重点分析短缺科技形成的体制机制性原因，明确最为短缺和最需要政府给予适度干预的科技领域，提出完善我国科技创新体制机制的目标原则和对策建议。

二、短缺科技形成的普遍性矛盾、体制机制性原因和短缺科技领域分析

（一）短缺科技形成的普遍性矛盾

短缺科技的形成源于科技需求的无限性与科技供给的有限性这一普遍性矛盾，这一矛盾决定了不管是发达国家还是发展中国家都存在着科技的短

---

① 习近平在中国科学院第十九次院士大会、中国工程院第十四次院士大会上的讲话（2018年5月）。

缺，所不同的只是短缺的程度而已。

我们可以分别从国家、产业和企业及个人视角分析科技需求的无限性特征。从国家视角看，经济增长越来越依赖科技的贡献，[①] 科技创新决定国家兴衰存亡，随着世界科技创新中心的转移伴随的是世界经济中心和权力中心的转移。[②] 任何一个想在世界或区域发挥主导权的大国都会把科技创新作为国家发展的核心战略，任何一个大国的政府都不会把科技创新完全交给市场，而是由政府和市场协调发挥作用。对于满足国家重大需求和国家安全的使命导向型科技更是突出政府作用，甚至采取举国体制。因而，国家对科技发展的战略需求会随着时间推移而变化，但永远不会停止。从产业和企业视角看，利益机制推动产业链水平升级和企业不断开发新产品，以获取超过社会平均利润的收益，而技术创新与产业转型和企业核心竞争力提升呈现明显的正相关关系。因此，产业和企业追逐利润的动机导致对新技术的追逐并推动其向创新型产业和创新型企业转变。从个人视角分析，按照马斯洛的需求层次理论，人类需求呈现从低层次向高层次的演进过程，尤其是对自我实现的追求更是永无止境。科学技术是个人自我实现的一种重要工具，无数对科学充满好奇和对探索未知世界充满渴望的人从未停止探索的脚步。

科技供给的有限性由多个因素决定且是造成短缺科技矛盾的主要方面，因为科技需求的无限性空间受到自然经济条件的限制而得以压缩，而科技供给的有限性空间由于思想认识、物质资源、人力资源和基础设施的多重限制加以放大。一是科技研发特别是原创性基础研究、高技术研发活动具有高投入和高风险的特征。风险厌恶是人类的基本偏好和理性斟酌的结果，当风险与收益的天平偏向风险时人们会选择规避科技研发或选择低风险的科技研发

---

① 世界主要创新型国家科技进步对经济增长的贡献一般都在 70% 以上。尽管科技进步贡献率反映的不完全是科技的贡献，但因制度、管理等因素在一定时期内相对比较稳定，其主要反映的应是科技的贡献。

② 托夫勒在其《权力的转移》一书中指出，知识在国家和地区的转移中发挥越来越重要的作用，而知识产生于科技研发与实践活动。

活动。因此，原创性基础研究、高技术研发等高风险科技领域的供给能力更为有限。二是从科学技术研发成果向市场和产业的转化存在所谓的"死亡谷"现象。有研究表明，3000个创新思想中仅仅有一个最终在商业上获得成功，10 000个化合物中仅仅有一个能够成为新药。[①] 因此，大量的科技成果成为无效供给。尽管人们对科技成果转化率不高的事实多有诟病，但这恐怕是科技规律和经济规律使然。三是科技活动具有较强的外部性，"搭便车"的现象比较普遍。由于人员之间的流动和对新技术的模仿学习，技术溢出效应使得"搭便车"者享受"免费的午餐"。再加上知识产权的侵权行为难以阻止，以及知识产权保护不力和侵权成本相对较低，对科技研发活动的激励往往不足。

（二）短缺科技形成的体制机制性原因

在制度经济学家看来，制度因素是经济发展和社会进步的关键。美国新经济史学派的代表人物道格拉斯·诺斯认为，对经济增长起决定性作用的是制度性因素而非技术性因素。他在《西方世界的兴起》一书中指出："有效率的经济组织是经济增长的关键，一个有效率的经济组织在西欧的发展正是西方兴起的原因所在。"[②] 我国经济学家对技术与制度哪个更重要也有过激烈的争论，著名经济学家吴敬琏认为"制度重于技术"。对于这一问题，笔者认为不存在一个标准答案，在不同国家或同一国家的不同时期会有不同的结论。在我国改革开放初期，计划经济体制占主导因素，不改革僵化的计划经济体制，经济社会和科技就难以发展，所以制度重于技术。改革开放40多年来，我国的社会主义市场经济体制基本建立，经济体制机制基本适应经济社会和科技发展，但仍有不少需要破除的体制机制障碍，因此，现阶段制度和技术两者同等重要。

阻碍科技创新的体制机制因素包括经济、社会、科技、文化等诸多方

① 希林.技术创新的战略管理 [M].谢伟，等译.北京：清华大学出版社，2005：4.

② 道格拉斯·诺斯，罗伯特·托马斯.西方世界的兴起 [M].厉以平，蔡磊，译.北京：华夏出版社，1989：1.

面，我们主要从科技创新体制机制的角度分析短缺科技形成的影响因素。

1. 科技管理体制

科技管理体制是科技活动的组织结构、管理体系和制度的总和，必须符合科技活动的规律。我国现行的科技管理体制历经数次改革，在很大程度上消除了阻碍科技创新的体制机制障碍，有力促进了科技与经济的结合和科技自身发展，但仍有不符合科技活动规律的地方，主要表现在科技管理导向、科技计划导向和科技评价导向等3个方面。

（1）科技管理导向

科技管理最重要的职能是为不同的创新主体营造良好的创新环境。我国的科技管理正在从重计划（项目）管理向重环境营造转变，但尚未实现完全转型。在管理与服务的关系上，科技计划（项目）管理日益专业化、精细化、规范化，但在主动服务科研机构和科研人员、构建完善的科技服务体系方面做得不够。在人与物的关系上，近年来科技计划（项目）和科技基础设施建设投入增加很快，但在如何建立有效的人才激励机制、如何构建以人为中心的科研环境方面重大举措不多。在控制与参与的关系上，至今仍有一些人把管理视为从上到下对被管理者控制的过程，科研人员参与管理不够，这与现代管理理念相悖。彼得·德鲁克认为，未来的社会是知识社会，知识社会是由初学者和资深者构成的社会，而不是由老板和下属构成的社会，知识工作者与那些聘请他们的人平起平坐。[①]

（2）科技计划导向

2014年12月3日，国务院印发《关于深化中央财政科技计划（专项、基金等）管理改革的方案》，对国家科技计划体系进行了重大改革，形成新的科技计划体系。该计划体系体现了按照专项"全链条、一体化设计"的理念，有利于解决研发成果和需求脱节问题及资源配置碎片化问题。但是，从改革实施效果看，国家科技计划体系还有需要进一步完善的地方，如基础研究特

---

① 彼得·德鲁克.下一个社会的管理[M].蔡文燕，译.北京：机械工业出版社，2006：7.

别是面向国家重大需求的基础研究、不同产业和产业内的关键共性技术等需要加大支持力度。

（3）科技评价导向

科技评价是科技创新活动的指挥棒，对于引导和激励科技创新活动至关重要。目前，我国科技评价的政策体系初步建立，但在政策实施和完善层面还需改进。一是在分类评价机制上落实得不够好，评价工作仍存在不考虑评价对象特点的"一刀切"现象。二是存在不同部门多头评价的现象，一些单位反映评价的频次有点多。三是评价指标体系有待完善。任何一个评价指标体系都不是完美的，评价指标体系应尽可能地客观反映被评对象的现状、特征及未来发展趋势。

2. 关键核心技术攻关的新型举国体制

举国体制不是中国特有的专利，苏联 20 世纪 50 年代的人造地球卫星计划、美国 20 世纪 60 年代和 80 年代实施的阿波罗登月计划和星球大战计划采取的都是举国体制。我国在计划经济体制下利用举国体制取得过"两弹一星"这样的伟大成就，在当前的社会主义市场经济条件下仍然需要构建关键核心技术攻关新型举国体制，因为重大关键核心技术的研发存在着市场失灵和组织失灵，需要政府这只"看得见的手"发挥作用。但需要注意的是，新型举国体制不同于传统的完全采取计划、行政手段的举国体制，要避免新型举国体制在认识和实践层面出现误区。一是在认识层面上，以为只要是举国体制就是举全国之力，举政府之力。实施新型举国体制，政府发挥着关键且不可代替的作用，但绝不是政府"包打天下"。在总体上由市场发挥资源配置决定性作用的经济科技体制下，政府在不同类型的重大科技项目中应发挥不同作用并尽量与市场机制结合。二是在适用范围上，把新型举国体制的适用范围和作用扩大化，科技上遇到重大难题就希望依靠新型举国体制解决。例如，在中美贸易摩擦中美国用半导体芯片等关键技术限制我们，于是不少人呼吁依靠新型举国体制解决"卡脖子"技术问题。关键核心技术攻关需要新型举国体制，但也并不是所有的关键技术攻关都要靠新型举国体制。新型举国体制适用范围是存在组织失灵和市场失灵、满足国家战略需求和国家安全的重大科技项目。完全竞争领域的科技项目一般不适用新型举国体制。三是在管理机制上，以为只要是举国体制就只能采取计划和行政管理手段。在社会主义市场经济条件下的新型举国体制完全采取计划和行政手段往往达不到预期效果，有些情况下计划和行政手段还会失效。因此，新型举国体制必须采取包括计划和行政手段在内的一切手段，如法律手段、经济手段等。

3. 企业主导技术创新的机制

由于经济意义上的创新是指生产要素新的组合，创新只能依靠企业完成，因此，企业天然是技术创新的主体。从研发投入和产出看，我国企业早已成为技术创新主体，但企业主导技术创新的机制尚未完全建立，多数企业处于产业链中低端水平。

一是企业技术创新主体地位不强。企业研发投入强度较低。2019 年，我国规模以上工业企业研发投入强度为 1.32%，美国则超过 4%。企业新产品生产比重较低。2020 年，我国规模以上工业企业新产品销售收入占主营业务收入的比重达到 20% 左右，而发达国家的这一比重一般在 30% 以上。世界领军创新型企业数量较少。《福布斯》杂志发布的 2018 年全球最具创新力企业百强榜中，美国有 51 家企业上榜，中国只有 7 家。多数企业处在创新链和产业链中低端。我国汽车总量约占世界 1/3，而合资品牌利润中外方约占 80%；机床产量约占 38%，而高档机床中 95% 要靠进口；造船产量约占 40%，但电子设备等关键技术依赖进口；苹果手机几乎都在中国生产，而利润分配大致是美国 50%、日本 30%、韩国 10%、中国 3.63%……

二是产学研深度融合不够。在我国的产学研合作中由于企业技术创新地位不强，因此在产学研合作中主导能力不强，提不出重大的明确需求，往往被牵着鼻子走。产学研合作应以市场机制为主导，但现在行政主导多，市场机制未能有效发挥作用。产学研合作应以互利共赢为目的，但目前由于利益机制处理不好导致形式合作多、实质合作少，存在"拉郎配"现象。产学研合作要注意短期与长期合作结合，但目前项目合作多、战略合作少，不利于建立长期稳定的产学研合作关系。

4.人才培养开发机制

近年来，中央、部门和地方贯彻落实习近平总书记"创新驱动的实质是人才驱动""人才是第一资源"的理念，统筹推进各类科技人才发展，深入实施"万人计划"、创新人才推进计划等重大人才工程，发布实施以增加知识价值为导向的分配政策，一大批高水平创新人才竞相涌现，科技人才队伍建设大大加强。但总体来看，我国仍存在缺乏科技创新领军人才、缺乏大国工匠、人才结构不尽合理、人才成长环境有待优化等问题。这与我国人才培养开发机制不够完善有很大关系。一是现行教育体制不利于创新型人才的培养。尽管我国的教育体制有了较大改变，但应试教育的特征十分明显。孩子一出生受到的教育就是听父母的话，做一个乖孩子，上学以后就是听老师的话，做一个好学生，好学生的基本标准主要以分数来衡量。这种教育环境下培养出的人容易循规蹈矩，缺乏批判和质疑精神，儿时的好奇心和想象力随着岁月的流逝消失殆尽。在激励机制上，需要加大对优秀科研人员的激励力度。建设世界一流的科研机构需要聚集国际一流的科研人才，聚集国际一流的科研人才需要与国际一流科研人才平均水平相近的薪酬。目前，我国的科研人才薪酬与国外发达国家相比还有较大差距。绩效支出在科研课题中所占比重较低，而且由于对科研单位设置工资总额限制，绩效奖励有时难以兑现。科技项目经费除少量用于绩效支出的间接费用外，不能用于支付科研人员的工资，也不能用于科研人员奖励，科研人员承担课题的积极性不高。在科研环境改善方面，需要进一步落实科研机构和科研人员的自主权，建立开放包容的文化，增加对科研机构稳定支持的比例，更加重视对青年科技人才的支持等。

（三）短缺科技领域分析

基于上述分析，我们认为科技相对最短缺的领域：一是基础研究，既包括完全由好奇心驱动的纯基础研究（波尔模式），也包括应用引发的基础研究

（巴斯德模式）。^①因为基础研究投入大、周期长、风险高，是市场最失效的领域，所以短缺的程度最高。二是与公共物品供给相关联的"公共技术"，如环境保护技术、防灾减灾技术、公共安全技术等。这类公共技术外部性强，存在"道德风险"和"搭便车"现象，也容易存在供给不足。三是带动产业发展或新产业形成的共性技术、关键核心技术，如纳米技术、微电子技术、基因工程技术等。这类技术高投入、高风险，攻关难度大，如果政府不给予适当引导，也极易造成短缺。四是为科技发展提供支撑的"基础技术"，如数据分析处理技术、标准化技术、分析测试技术等。这类技术因不属于核心技术容易受到忽视，但它对于核心技术研发不可或缺。

从短缺科技论的观点看，科技短缺普遍存在，不同科技领域的短缺状况存在明显差异。考虑到国家的长远发展战略和规划、财政状况、主导产业选择等因素，政府应选择科技相对最短缺的领域进行干预。

三、完善科技创新体制机制的目标和原则

（一）完善科技创新体制机制的目标

为缓解科技短缺的程度，需要进一步破除阻碍科技创新的体制机制障碍。党的十九届四中全会提出完善科技创新体制机制，这是推进国家治理体系和治理能力现代化的重要内容。^②按照推进国家治理体系和治理能力现代化的目标要求，完善科技创新体制机制的目标应是使科技创新体制机制更加成熟、更加定型，实现科技创新治理体系和治理能力现代化。

科技创新治理现代化体现在创新治理理念的现代化、创新治理主体的现

---

① 斯托克斯.基础科学与技术创新：巴斯德象限[M].周春彦，谷春立，译.北京：科学出版社，1999.

② 《中共中央关于坚持和完善中国特色社会主义制度 推进国家治理体系和治理能力现代化若干重大问题的决定》（2019年10月）。

代化、创新治理手段的现代化等方面。创新治理理念的现代化是把参与、民主、平等、协商等现代公共管理理念引入创新治理中，摒弃传统的科技行政管理模式。创新治理主体的现代化，包括政府部门、创新主体、社会中间组织的现代化。创新治理手段的现代化是指把参与式管理、情景分析、技术预测、创新调查、科技报告等现代化的治理方法引入创新治理中，提高创新治理的科学性。

（二）完善科技创新体制机制的原则

1. 坚持党对科技工作的全面领导

以习近平新时代中国特色社会主义思想和关于科技创新重要论述指导科技工作，统一思想。健全党中央对重大科技工作的领导体制，强化国家科技领导小组等议事协调机构作用。健全党对科技工作的全面领导制度。健全以人为本的科技制度。提高党领导科技工作的能力和水平。完善全面从严治党制度，反对科技工作存在的形式主义和官僚主义。

2. 坚持科技依法行政

健全保证科技法律法规全面实施的体制机制。完善科技立法体制机制，提高立法质量。加大重点科技领域的执法力度。加强对科技法律法规实施的监督。实行政府权责清单制度，厘清政府和市场、政府和社会关系。完善国家重大科技发展战略和中长期科技发展规划制度。

3. 坚持科技更高水平开放

健全促进对外科技投资和服务体系。推动建立国际科技政策协调机制。健全国家技术安全清单管理。积极融入全球科技创新体系。实施"一带一路"科技创新行动计划等国际科技合作计划。积极参与全球科技治理。

4. 坚持科技高标准的市场化改革

完善技术交易市场和人才市场，完善鼓励科技创新的多层次资本市场体系和现代金融体系，完善职务发明成果所有权、收益权和处置权制度。在高新区等科技类园区实施市场准入负面清单制度。

四、完善科技创新体制机制的对策建议

（一）构建关键核心技术攻关新型举国体制

一是界定新型举国体制的运用范围。新型举国体制只有在市场失灵和组织失灵的情况下才能适用，不要把新型举国体制的作用扩大化。如果不加限制地运用新型举国体制，等同于又回到了计划经济时代，实践早已证明计划经济模式是不可行的。新型举国体制要围绕加强国家战略科技力量，更好满足国家战略和安全需要。

二是运用新型举国体制要注意政府和市场作用的有机结合。运用新型举国体制不意味着政府大包大揽，政府部门应遵循国际规则，根据重大科技项目的性质发挥不同作用。对于无法取得直接经济回报的科学工程类、社会公益类、国防类重大科技项目应采取政府主导、企业和社会参与的新型举国体制。对于可取得经济回报的产业类重大科技项目应采取政府引导、企业主导、社会参与的新型举国体制。

三是国家重大科技项目实施要完善管理模式。根据重大科技项目的性质和特点采取不同的管理模式。科学工程类、社会公益类、国防类重大科技项目实施要引入竞争机制和项目监理制，选择最优秀的机构和人才承担，提高科技经费使用绩效。对于具有产业发展前景的科技项目采取项目法人制或公司制，加快关键核心技术攻关和科技成果产业化。

（二）健全符合科研规律的科技管理体制

一是树立符合科研规律的管理导向。更加重视创新生态环境营造，建立完善的创新生态系统，改革政府管理体制，推动管理导向向创新服务和创新治理转变。[①] 要从以控制为中心的管理理念向以协调为中心的治理理念转变，从政府作为唯一的管理者向多元化主体共同参与治理转变，从管理科技向治

---

① 孙福全.加快实现从科技管理向创新治理转变 [J].科学发展，2014（10）：64-67.

理创新转变，从计划管理和政策管理为主向多手段治理转变。

二是树立符合科研规律的计划导向。加大支持关键核心技术攻关的力度，提高关键核心技术自主可控能力，重点突破严重制约国民经济和社会发展且没有替代来源的行业共性技术和关键核心技术问题。加大支持基础研究特别是应用基础研究力度，增强原始创新能力。加大支持战略科技力量的力度，重点支持建立以国家实验室为引领的战略科技力量体系。

三是树立符合科研规律的评价导向。落实《国家创新驱动发展战略纲要》《关于深化项目评审、人才评价、机构评估改革的意见》《关于开展清理"唯论文、唯职称、唯学历、唯奖项"专项行动的通知》等战略部署和政策举措，坚持实施分类评价，根据不同类型项目、机构、人才采取不同的评价标准。根据评价对象的特点建立科学的评价指标体系。评价指标体系要注意数量指标和质量指标、增量指标和存量指标、定性指标和定量指标的结合。建立规范的评估制度，明确评估主体，确保现有评估制度落实。实施第三方专业化评估，保证评估的客观公正。

（三）建立企业主导技术创新的机制

一是强化企业技术创新主体地位。鼓励和引导企业特别是国有企业加强制度创新和管理创新，建立和完善现代企业制度，增强创新发展动力。鼓励和引导企业提高研发投入强度，完善研发组织，加强关键核心技术攻关和新产品开发。吸收更多企业家参与国家和地方重大科技决策。支持企业牵头承担具有产业化前景的重大科技项目。

二是加强产学研深度融合。明确产学研等不同主体的定位，找准合作切入点。支持大中小企业和各主体融通创新，形成创新生态链。深入推进职务发明成果所有权改革，创新促进科技成果转化机制。以利益机制为纽带推进产学研合作，鼓励产学研开展战略层面的深层次合作，如联合设立研发中心、研究院，组建技术创新联盟等。建立更加开放的技术创新体系，鼓励开展国际产学研合作。

（四）完善科技人才发现、培养和激励机制

一是改革教育体制，深入推动应试教育向素质教育和创新教育转变，把创新教育融入从学前教育到继续教育的全过程。加强科技与教育融合，建立科技教育协同创新中心，在教育中融入最新科技创新成果，提高高等院校科技创新能力。

二是增加对科研机构特别是从事基础研究、前沿技术研究和公益技术研究的科研机构稳定支持的比例，改善科研人员科研环境和条件。加大对青年科技人才的支持力度，为他们创造更多主持科技项目的机会。鼓励开展具有挑战性的科研项目，培育宽容失败的文化。

三是探索与我国现阶段相适应的薪酬制度。设置弹性工资总额。提高科研项目经费中用于绩效支出的比例。科研项目经费中按照一定比例列支工资支出，或者用于科研人员奖励，让科研人员获得与其能力水平相匹配且在国际上有竞争优势的工资水平，提高科研人员待遇，建立一支具有世界一流水平的科研队伍。

五、进一步完善国家科技计划体系

国家科技计划是弥补市场配置科技资源失灵、引导科技资源优化配置的重要手段，是我国科技领域必须坚持的重要制度，也是中国特色自主创新道路的重要组成部分。我国的国家科技计划体系历经多次调整和改革，基本形成了与社会主义市场经济相适应且比较完整的体系。但随着国际格局发生深度调整，国内发展进入新的历史方位，现行的国家科技计划体系暴露出一些问题和不足，需要通过深化改革加以完善。党的十九届四中全会提出完善科技创新体制机制，其中一个非常重要的内容是完善国家科技计划体系。

（一）进一步完善国家科技计划体系的必要性

我国的国家科技计划体系是随着科技体制改革进程，围绕加强科技与经济紧密结合、提高科技创新能力这条主线逐渐演变形成的。从 1982 年设立第一个被纳入国民经济和社会发展规划的国家科技计划——科技攻关计划至"十一五"时期，我国形成了由基本计划和重大科技专项构成的国家科技计划体系。基本计划是指国家财政稳定持续支持科技创新活动的科技计划，主要包括国家科技支撑计划、国家高技术研究发展计划（863 计划）、国家重点基础研究发展计划（973 计划）、国家科技基础条件平台建设计划等。重大科技专项在《国家中长期科学和技术发展规划纲要（2006—2020 年）》中首次提出，主要面向国家重大战略需求和国家核心竞争力提升，体现"有所为，有所不为"和"重点跨越"的原则方针。

这一体系既包括体现"全链条、一体化设计"的国家重大科技专项，也包括体现重大科学问题研究、行业关键共性技术和前沿技术研发的基本计划，计划覆盖的范围比较全面，资源配置重点比较突出。但也存在一些问题，突出表现在 973 计划、863 计划、国家科技支撑计划衔接不够，直接面向国家和市场需求的"全链条、一体化设计"不够，导致科技与经济脱节、科技资源分散重复配置的问题始终没有很好解决。

基于此，2014 年 12 月 3 日，国务院印发《关于深化中央财政科技计划（专项、基金等）管理改革的方案》，对国家科技计划体系进行了重大改革，把原来分散在 40 多个部门的 100 余项国家科技计划整合成国家自然科学基金、国家科技重大专项、国家重点研发计划、技术创新引导专项、基地和人才专项五大类科技计划，形成新的科技计划体系。该计划体系最突出的一个变化是把原来的 973 计划、863 计划、国家科技支撑计划等基本计划整合成按专项设计、体现"全链条、一体化设计"的国家重点研发计划。这样的改革在一定程度上有利于避免项目不必要的重复设置和资源配置碎片化问题，有利于解决研发成果和需求脱节问题，改革的思路和方向是值得充分肯定的。但是，从改革实施效果看，这一体系也暴露出一些需要改进的问题，如对面向国家重大需求的基础研究、对于不同产业和产业内的关键共性技术及前沿技术支持不够等。

从国际形势看，世界百年未有之大变局下的"科技之变"前所未有，大国之间的竞争博弈更加突出地表现为科技战、人才战，而科技竞争的焦点集中在基础研究、关键核心技术和高技术等领域。最近一个时期，世界主要国家发布的科技创新战略规划和计划支持的重点大多集中在这些领域，而且以赢得国际领先优势为目标。由于美国在其国家战略中把中国定位为战略竞争对手，同时拉拢有关国家共同遏制中国，美国势必在上述科技领域加紧对我国的遏制。适应国际科技竞争态势的新变化和国内转型发展、高质量发展新需求，我国现行的国家科技计划体系有必要加以完善。

（二）新时代对国家科技计划体系提出新要求

面对日益激烈的国际科技竞争态势，面对我国科技创新能力的短板，面对我国面临的科技安全与风险挑战，完善国家科技计划体系应突出以下导向。

第一，更加突出支持关键核心技术攻关。

关键核心技术决定着国家、产业和企业竞争优势，没有一个国家和企业会轻易地把它进行转让。从国际竞争格局看，历史经验和现实实践都告诉我们，大国之间的竞争博弈必然是一个长期的过程，因此，我们要加大关键核心技术攻关支持力度，做到关键核心技术自主可控，把科技创新和发展的主动权牢牢掌握在自己手里。从国内发展形势看，我国已经从高速增长转向高质量发展阶段，关键核心技术缺乏依然是我国产业结构优化升级和经济高质量发展的最大"瓶颈"。这不仅表现在集成电路、生物医药等高科技产业，在汽车、造船、钢铁、化工等主要产业领域都缺乏关键核心技术，缺乏自主品牌，关键技术受制于人的局面没有根本改变。一项资料显示，我国的发明专利申请量和授权量尽管已经跃居世界第 1 位，但核心专利只有美国的 9.69%。因此，国家科技计划体系应进一步聚焦重点，突出解决重大关键核心技术问题。

第二，更加突出支持提高原始创新能力。

我国的科技创新能力不足最突出地表现为原始创新能力不足，缺乏原创性的科学发展和技术发明，我国科技发展的总体水平仍以跟跑和并跑为主。这与我国长期以来对基础研究投入不足有很大关系。我国的基础研究支出占全社会研发支出的比例多年保持在 5% 左右，2020 年达到 6%，与世界主要国家相比仍有很大差距。2017 年美国这一比例是 17%，日本是 13.7%，韩国是 14.5%，法国 2015 年是 24.5%，俄罗斯 2016 年是 15.2%。我国基础研究投入过分依赖中央财政投入，企业投入占比过低，也是造成我国基础研究投入不足的重要原因。2018 年，企业基础研究经费在全部基础研究经费中的占比大约为 3.07%，而美国这一比例 2016 年为 27.2%；企业基础研究经费支出占企业研发经费支出的比例只有 0.2%，远远低于主要创新型国家 6% 以上的平均水平，韩国企业为 12%，美国、英国、法国和日本企业都在 6% ~ 8%。因此，除继续增加中央财政基础研究投入外，还要通过有效的政策措施引导企业加大基础研究投入的比例。

第三，更加突出支持加强战略科技力量。

战略科技力量是指维护国家安全、满足国家重大战略需求的科技力量。建设世界科技强国和社会主义现代化强国必然要求加强战略科技力量。国家科研机构、高等院校和中央企业等创新主体都是我国的战略科技力量，且发挥了重要的战略支撑作用。但也要看到，现有的战略科技力量目标不够清晰、组织方式不够有效、力量不够强大，不能完全适应国家战略需求。这就要求我们借鉴美英等发达国家经验，依托优势创新单元并在整合全国优势创新资源的基础上建设国家实验室，同时按照国家目标导向对国家重点实验室进行战略重组，以大力加强战略科技力量。国家科技计划应加大对战略科技力量的投入力度，并大幅提高稳定支持的比例。

（三）进一步完善国家科技计划体系的建议

完善国家科技计划体系要以习近平新时代中国特色社会主义思想和关于科技创新重要论述为指导，紧密围绕建设世界科技强国和社会主义现代化强国这个大局，全面贯彻新发展理念，在保持国家科技计划体系基本稳定的前提下进行渐进性改革，优化体系结构，完善功能定位，提高国家科技计划体系整体效能。

一是加大支持关键核心技术攻关的力度，提高关键核心技术自主可控能力。这是科技发展的现实紧迫要求，关乎国家核心竞争力和企业生死存亡。要在国家技术评价和预测的基础上梳理高新技术领域和新兴技术领域的关键技术并列出优先序，根据发展需要和财力可能给予重点支持。重点突破严重制约国民经济和社会发展且没有替代来源的行业共性技术和关键核心技术问题，同时要统筹考虑当前和长远，把补短板和强优势相结合，勇闯科技"无人区"，以打造先发引领的战略优势。

二是加大支持基础研究特别是应用基础研究力度，增强原始创新能力。这是科技发展的长远要求，关乎持续创新能力和科技引领能力提升。要大幅增加基础研究和应用基础研究投入，未来 5 年把基础研究支出占全社会研发支出的比例提高到 10% 以上。特别是要继续加大财政支持基础研究的力度，同时健全引导企业加大基础研究投入的机制，对企业基础研究支出实行更大力度的税前加计扣除政策。

三是加大支持战略科技力量的力度，满足国家安全和重大战略需求。这是科技发展的底线要求，关乎国家安全和科技安全。要按照中央统一部署，以国家实验室为抓手，加快建立国家实验室体系，进一步加强战略科技力量。加大对国家实验室和国家重点实验室建设的支持力度，同时提高稳定支持的比例。

四是加大对民生科技的支持力度，增强科技创新对民生改善和满足人民美好生活的支撑能力，补齐民生科技短板。不断改善民生，满足人民对美好生活的向往，是科技工作的出发点和落脚点。新冠肺炎疫情应对中充分运用了在线医疗、中医药介入、网络教育等多种科技手段，既突显了科技在应对疫情和民生改善中的重要性，也对与民生直接相关的科技提出了重大需求。在国家科技资源配置中要突出民生科技导向，加强各类计划之间的统筹协调，提高民生科技在全社会研发投入中的比例。

我国在国家层面民生科技领域的支持主要分布在国家自然科学基金、国家科技重大专项、国家重点研发计划下的项目中。2017 年国家重点研发计划共设立 56 个专项 1310 个项目，中央财政共资助 504.5 亿元。为了直观分析中国在民生科技领域的投入情况，我们以国家重点研发计划（专项）为例，按照技术应用的方向将其划分为社会民生类、高技术类、基础前沿类、农业科技类和国际合作类 5 类。社会民生类重点专项主要包括医学诊疗、健康和疾病防治、水资源、环境生态、灾害预警及安全类项目。数据显示，2017 年社会民生领域支持 24 个专项 508 个项目，投入 202.06 亿元，占比分别为 42.54%、38.78% 和 40.05%。这样的比例不能算低，但考虑到未来民生需求的增加，还有进一步提升的空间。

完善科技计划体系要与改进科技计划管理相结合，优化项目形成机制和管理程序，建立管理全过程评价体系，强化过程管理和动态调整。同时，要加强重点科技领域的战略和政策研究，总结科技计划实施的经验，及时发现科技计划实施中存在的问题并提出改进建议，不断提高国家科技计划体系和管理的科学化水平。

建立以国家实验室为引领的
战略科技力量体系

以习近平同志为核心的党中央高度重视国家战略科技力量建设。党的十九届五中全会通过的《中共中央关于制定国民经济和社会发展第十四个五年规划和二〇三五年远景目标的建议》指出："强化国家战略科技力量。制定科技强国行动纲要，健全社会主义市场经济条件下新型举国体制，打好关键核心技术攻坚战，提高创新链整体效能。"强化国家战略科技力量是提高科技创新能力的重要牵引，是实现科技自立自强的重中之重。

一、以强化战略科技力量建设提升科技创新牵引力

（一）国家战略科技力量事关国家安全和国家核心竞争力，对于建设世界科技强国和社会主义现代化强国至关重要

战略科技力量的概念是 2004 年胡锦涛同志视察中国科学院时首次提出来的。他指出，中国科学院作为国家战略科技力量，不仅要创造一流的成果、一流的效益、一流的管理，更要造就一流的人才。准确理解战略科技力量这一概念，首先需要了解战略和战略科技这两个关键词。战略在古代是个军事术语，指对战争的总体谋略，后逐渐用于经济、企业、外交、文化等各个领域，泛指谋划全局性、长远性、高层次重大问题的方略。战略科技是指带有全局性、长远性、引领性的重大科技领域和活动，如人工智能、量子科技、生物技术等。战略科技力量进一步说是指承担任务重大、掌握技术领先、影响全局长远的科技力量，它对国家安全和核心竞争力、国家经济社会发展产生全局性、决定性、深远性影响，具有以下特征。

一是任务上的国家使命。国家战略科技力量以满足国家安全和战略需求为目标，具有强烈的国家使命导向。任何一个机构只要承担国家战略科技任务，不管是国有机构还是民营或私营机构，都是战略科技力量。相反，如果

一个机构从不承担国家战略科技任务，它就不可能成为战略科技力量。判断一个机构是不是战略科技力量与它承担的科技任务密切相关。

二是作用上的特殊地位。由于战略科技力量直接影响甚至决定着国家安全和核心竞争力，因此，它在国家创新体系中具有十分重要的位置。《中共中央关于制定国民经济和社会发展第十四个五年规划和二〇三五年远景目标的建议》把强化国家战略科技力量放在突出位置。《中华人民共和国国民经济和社会发展第十四个五年规划和 2035 年远景目标纲要》也把强化国家战略科技力量置于创新驱动专章的首要位置。

三是科技上的前沿引领。战略科技力量在重大科技领域代表国家最高水平，发挥前沿引领和示范带动作用。任何一个机构如果不能在某个或多个技术领域或技术方向上处于国内甚至国际领先水平，它就不能成为战略科技力量。例如，美国的联邦实验室是美国最高水平的科研机构，其研究成果一般代表国家甚至世界的最高水平。

四是组织上的政府参与。由于在战略科技领域存在着市场失灵或组织失灵，政府对战略科技力量的支持不可或缺。根据战略科技领域的性质和特点，政府支持战略科技力量的力度和方式会有所不同。例如，对于从事太空探测或深海探测的战略科技力量应以政府支持为主，而对于从事卫星导航或量子科技研究的战略科技力量则需要发挥政府和市场"两只手"的作用。

当前，我国正在建设世界科技强国和社会主义现代化强国，急需建立强大的国家战略科技力量。国家战略科技力量具有巨大的技术外溢效应，可以带动其他科技力量的提升，从而增强国家整体创新能力。国家战略科技力量是维护国家安全、提高国家核心竞争力的关键，推动国家实现从"富起来"到"强起来"的转变。

（二）国家战略科技力量包括机动型和稳定型两类，国家迫切需要壮大稳定型战略科技力量

机动型国家战略科技力量具有临时性、分散性的特点，它根据国家需

要定期或不定期承担战略科技任务。从战略科技力量的内涵和特征看，科研机构、高校、企业都有可能成为战略科技力量，但国家科研机构、高水平研究型大学和科技领军企业更具备成为战略科技力量的能力和条件。上述创新主体是否是战略科技力量与其承担的科技任务相关，属于机动型战略科技力量。国家产业技术创新联盟和创新联合体也是产学研用各个创新主体为承担战略科技任务而形成的创新组织形式，也属于机动型战略科技力量。

机动型战略科技力量由于其临时性和分散性的特征及机构自身的属性和体制机制约束，不能完全满足国家战略需求，因此需要建立一支体现国家意志、满足国家需求、代表国家水平的长期稳定型战略科技力量。长期稳定型战略科技力量主要包括国家实验室、国家重点实验室、国家技术创新中心、国家产业创新中心等组织形式。

国家实验室是以实现国家使命和战略目标为导向，以原始创新为核心，以开展基础研究、前沿技术研究和学科交叉研究为主要方向，以大科学装置为支撑，以大科学团队为骨干的国家科研机构，主要解决国家安全和重大战略需求，在国家战略科技力量中发挥引领性作用。习近平总书记在 2016 年 5 月召开的全国科技创新大会上指出"要以国家实验室建设为抓手，强化国家战略科技力量"。2021 年 3 月全国两会通过的《中华人民共和国国民经济和社会发展第十四个五年规划和 2035 年远景目标纲要》，提出"以国家战略性需求为导向推进创新体系优化组合，加快构建以国家实验室为引领的战略科技力量"。国家重点实验室是国家组织高水平基础研究和应用基础研究、聚集和培养优秀科学家、开展高层次学术交流的重要基地，主要面向世界科学前沿和开展原始创新，与国家实验室形成功能各异、分工协作的实验室体系。

国家技术创新中心和国家产业创新中心以突破关键核心技术和培育创新产品、保障产业链创新链安全为宗旨，不断攻克影响国家长远发展和产业安全的关键技术"瓶颈"，抢占全球产业和技术创新制高点，推动产业迈向技术链、创新链和价值链中高端，提高产业核心竞争力。国家技术创新中心和国家产业创新中心侧重点不同，前者侧重突破关键核心技术和解决"卡脖子"技术问题，后者侧重培育重大战略产品和战略产业。

（三）强化国家战略科技力量既要注重机构建设，更要注重体系构建

1. 建设国家实验室体系，勇担国家责任使命

美国国家反情报与安全中心最近发布的报告提出，中美竞争的核心领域包括人工智能、量子科技、生物技术、半导体、自主系统等。国家实验室应加快在这些核心竞争领域布局，在跟跑领域加快补齐短板并逐渐超越，在领跑和并行领域打造先发优势，掌握核心科技领域竞争主动权。国家重点实验室要以加强国家战略科技力量为导向进行重组，培育形成国际一流学科、一流人才和一流成果，加强在新兴前沿技术领域布局。

2. 建设国家技术创新中心和国家产业创新中心，加强关键核心技术攻关

加快部署一批国家技术创新中心和国家产业创新中心，围绕关键核心技术加强攻关，重点攻克"卡脖子"技术，引领产业技术进步和区域协同创新。"卡脖子"技术是指影响到国家安全和国家核心竞争力的关键核心技术，不是所有我们没有的技术都是"卡脖子"技术。要在关键核心技术"卡脖子"领域建设一批国家技术创新中心和国家产业创新中心，突破一批关键核心技术，创制一批重大创新产品。

3. 加快组建一批以新兴产业和未来产业培育为目标的创新联合体

创新联合体是开展产业关键共性技术攻关、培育战略性新兴产业的重要组织形式，它在日本、美国的大规模集成电路产业发展上发挥过重要作用。组建创新联合体要以市场机制为基础，同时发挥政府牵引作用，组织优势创新主体或创新单元参加，积极承接国家重大科技专项，重点突破一批产业共性技术，提高产业体系化创新能力，共同制定产业技术标准、行为准则和规范等，提升产业链和供应链的安全性、稳定性。

比利时微电子研究中心是一个开放式的技术创新平台，于1984年在鲁汶大学微电子系的基础上建立，2020年总营收6.8亿欧元。中心坚持在半导体创新链产业链中的战略定位，在微电子技术、纳米技术、信息系统设计等前沿领域对未来产业需求进行超前 3 ～ 10 年的研发，在芯片设计开发上向 1 纳米以下的芯片工艺节点进军。中心采用类似企业的市场化管理机制、公平透明的利益分配机制，实行产学研结合的董事会管理模式，在产业共性技术研发协同创新方面取得巨大成功。

4. 建设大科学装置，强化战略科技力量基础

重大科学问题越来越依赖巨大投入及大型科学仪器和基础设施来支撑研究，如对物质基本结构、宇宙起源与演化等重大科学问题的探索需要大型先进光源、散列中子源和强磁场等大科学装置的支撑。发挥好现有大科学装置的作用，加强现有大科学装置的开放共享。根据财力可能和轻重缓急原则在科技前沿领域布局更多大科学装置，吸引全球科学家开展合作研究。

5. 加快培养一批具有国际视野、国家情怀、战略眼光的战略科技人才

强化战略科技力量，关键是培养一批具有国际视野、国家情怀、战略眼光的战略科技人才。战略科技人才包括战略科技研究人才和战略科技管理人才。战略科技研究人才是战略科技领域造诣深厚的科学家，既熟悉世界科技发展趋势，又是重要科技领域的领军者。培养战略科技研究人才，要给其承担国家重大项目的机会，加大稳定支持力度，强化激励机制。战略科技管理人才是战略科技领域经验丰富的管理专家，既有深厚的科研基础，又能为重要科技领域发展给予战略指导和系统谋划。培养战略科技管理人才，要从战略科技研究人才中选拔，鼓励支持其参与国家科技决策咨询、重大科技项目论证，以及在重要国际和国内学术组织任职等。

6. 拓展战略科技发展空间，加快打造战略创新高地。

目前，北京、上海、粤港澳国际科技创新中心正在加快建设，同时正在谋划布局区域性科技创新中心。国家批复建设的综合性科学中心有 4 家，国家自主创新示范区有 20 家。四川和重庆正在建设具有全国影响力的科技创新中心，共建西部科学城。这些创新高地应把布局国家战略科技力量特别是长期稳定型战略科技力量作为重点，部署一批国家实验室和国家重点实验室，

制定实施战略性科学计划和科学工程，实施一批具有前瞻性、战略性的重大科技项目，积极承接大科学装置和重大科技基础设施。

二、充分借鉴发达国家建设国家实验室的经验

国家实验室在国际上并不是一个新生事物，早在 20 世纪 40 年代美国就成立了第一个国家实验室——阿贡国家实验室，至今美国联邦政府主办或资助的国家实验室的数量已达 700 个之多，形成了完整的国家实验室体系。新中国成立 70 多年来，我国逐渐形成了由中国科学院、行业科研院所、高校、企业、民办科研机构和新型研发机构等主体构成的国家科研体系，在这种情况下如何建设国家实验室还是一个新课题，需要在借鉴发达国家经验和总结自身实践的基础上探索建立具有中国特色的国家实验室体系。

（一）国家实验室的基本特征和主要功能

国家实验室是以实现国家使命和战略目标为导向，以原始创新为核心，以开展基础研究、前沿技术研究和学科交叉研究为主要方向，以大科学装置为支撑，以大科学团队为骨干的国家科研机构，是国家的主要战略科技力量。

1. 基本特征

一是研究领域的综合性。国家实验室从事的研究领域并不限于一两个学科，而是具有多学科、多领域交叉的特点，这样的研究领域是大学、企业或民间研究机构难以单独开展的。例如，美国劳伦斯伯克利国家实验室、布鲁克海文国家实验室选择核科学技术作为主要研究领域，既有第二次世界大战的历史渊源，也与核科学技术多学科交叉融合这一特点紧密相关。

二是研究成果的原创性。国家实验室是国家最高水平的科研机构，其研究成果代表国家甚至世界的最高水平，因此，评价国家实验室主要不是看它发表了多少篇 SCI 论文，获得了多少项发明专利，而是看研究成果的原创性和颠覆性。这就避免了研究人员单纯追求论文和专利数量的倾向。

三是运行机制的开放性。国家实验室在符合安全保密的前提下尽可能与国内外大学、科研机构和企业等开展合作，包括科技领域的研发合作、研究人员的交流、科研设施的共享等。它不仅是一个独立的科研机构，实际上也是国际交流合作的中心。

四是研究机构的法人化。国家实验室由于承接国家重大科研任务、涉及多学科交叉融合、探索基础前沿科技方向，一般具有规模庞大的研究队伍、投入巨额的研究和运行费用、建设较多的大型科研设施和装备。因此，国家实验室从机构性质上必须是具有法人地位的独立实体，具备承担民事责任和义务的能力。

我国的大学、国家和行业科研机构、大型企业等都拥有一定的战略科技力量，但因不符合国家实验室的基本特征，其功能定位、科研组织方式、经费预算和管理制度、科研人员队伍等尚不能完全满足国家战略需求。因此，要集成全国科技创新资源建设国家实验室，并把国家实验室打造成我国的主要战略科技力量。

2. 主要功能

国家实验室具有大学、企业科研机构等不具备或难以实现的功能。从国家实验室的产生背景和发展历程看，它主要有以下 3 个功能。

一是满足国家战略和安全需求。美国《联邦采购条例》规定，国家实验室应该满足政府特殊的长期性研发需求，而政府目前的其他研究机构或私营研究机构不能有效满足这些需求；追求公共利益，主要定位在从事长期性、战略性、公共性、敏感性的研究领域。美国的国家实验室按照条例要求逐渐建立起来，其功能随着国家需求的变化而变化。最初，美国的国家实验室为满足战争和国防需求而建立，如美国著名的洛斯阿拉莫斯国家实验室、桑迪亚国家实验室就是在第二次世界大战期间由加州大学伯克利分校、芝加哥大学、哥伦比亚大学等美国著名高校和科研机构创建，推动实施曼哈顿工程。冷战时期，美国利用这些国家实验室重点推进国防、原子能和航空航天等领域的研究开发活动。冷战结束后，美国把国家实验室的重心拓展到国民健康、经济发展、生物卫生等领域。从美国国家实验室发展历程来看，它是美国主要的战略科技力量，对于美国成为世界科技创新中心发挥了关键作用。

二是集聚培养世界一流人才。集聚培养世界一流人才是实验室建设和发展的核心。大多数国家实验室实行竞争上岗，在全球范围内招聘一流研究人员，客座研究人员一般占有较高比例。例如，美国国家实验室客座研究人员的比例达到50%；日本理化研究所下属的50个实验室则达到30%。国家实验室通过承担重点科研任务，开展高水平科学研究，培养了一大批优秀人才。截至2017年，美国的劳伦斯伯克利国家实验室已产生13位诺贝尔奖获得者和约80位美国科学院院士。一流人才的集聚培养与实验室的创新文化是密不可分的。成功的实验室文化有以下几个突出特点：鼓励创新、包容失败的科学精神，团结协作、相互激励的合作氛围，以尊重和合理使用人才为本的资源配置。

三是优化配置全社会创新资源。国家实验室通过多种方式与学术界、产业界开展合作，提高全社会创新资源配置效率。实验室注重发挥大学优势，利用大学人才资源。例如，美国洛斯阿拉莫斯国家实验室一直和加州大学紧密合作，目前有6800名员工来自加州大学。劳伦斯伯克利国家实验室由加州大学伯克利分校代管，约4000名雇员，相当一部分是伯克利分校的老师和学生，学生约800人。实验室的科研设施按照法定程序对外开放，大大提高了科研设施的利用率。

（二）国家实验室的管理模式与运行机制

发达国家的国家实验室已有70多年的历史，在发展过程中形成了相对成熟的管理体制、模式和运行机制，对我国国家实验室建设具借鉴意义。

一是在管理体制上，主要有集中和分散管理两种体制。美国采取分散管理体制，国家实验室分别隶属于美国航空航天局、能源部、国防部等，能源部管理的实验室最多，下属实验室多达28个，如著名的洛斯阿拉莫斯国家实验室、阿贡国家实验室、橡树岭国家实验室、布鲁克海文国家实验室、劳伦斯伯克利国家实验室等，它们不仅是美国规模最大、实力最强的国家实验室，同时也是世界最负盛名的实验室。德国、日本则采取集中管理体制，国家实验室（或国家科研机构）归一个政府部门管理。

二是在管理模式上，按照实验室的所有权和管理权可分为3类。第一类是政府拥有资产、政府直接管理运营的国家实验室，即GOGO实验室，其雇员和管理者均为政府雇员。第二类是政府拥有资产、政府委托承包商管理的国家实验室，即GOCO实验室，政府一般从学术界和企业界中选择管理承包者。第三类是政府提供资助、与大学或企业界共同建设的国家实验室，属于承包商拥有并进行管理，负责制定其目标、使命等，不受政府过多约束，政府资助部分研究与开发经费，即COCO实验室。美国的国家实验室主要属于第二种类型。

三是在治理结构上，国家实验室内部实行理事会决策、监事会监督、实验室主任负责的领导体制。理事会拥有对国家实验室管理的最终决定权。政府拥有、政府直接管理的国家实验室主任由政府职能部门任命。政府拥有、承包商（即依托单位，如大学）管理的国家实验室主任人选由依托单位董事会及政府职能部门共同确定后，由依托单位负责人任命。对国家实验室主任遴选，除了衡量其学术水平，还要衡量其组织协调能力、发现新研究方向能力、社会活动和吸引资金能力等。

四是在用人制度上呈多元化、多层次的特点。人员结构上注意不同学历、不同职称、研究人员和非研究人员的比例搭配。人员性质上既有相对固定的合同制人员，也有一定比例的流动人员。科研人员流动性较高，行政管理岗位和技术支撑岗位较为稳定。保持技术支撑岗位和行政管理岗位的稳定性，有利于提高国家实验室管理水平和工作效率。

五是在资金来源上，国家实验室的经费渠道既有政府财政支持，也有企业委托研究经费。政府财政支持中既有预算拨款，也有竞争性项目经费。政府支持以中央财政支持为主。

六是在设备共享机制上，国家实验室都制定了规章制度，提高了设备共享使用率。一些国家实验室自身所开展的科学实验在每年完成的全部科学实验中所占比例不高，而全年实验量的大部分来自实验室以外的科学家和研究机构。一些国家实验室最初即是为研制大型科学实验装备而建立的，这些先进科学实验装备设施建成后即对外开放共享。

七是引入竞争机制。竞争机制是管理国家实验室的成功方法。国家实验室需要通过竞争途径获得政府部门的研究项目，也需通过为企业进行技术开发获得研究经费，以使国家实验室的经费来源多元化，缓解财政压力。政府职能部门给予托管机构（即依托单位）的补贴费用也部分基于国家实验室的表现。

八是在监督与评估机制上，普遍采用同行评议的方式。同行评议制可刺激良性竞争，提高研究质量，促进公平。运用同行评议配置和使用研发资源有利于把有限资源集中在最重要和最具创新性的研究方向上。同行评议一般可分为对国家实验室的评议、对研究人员和研究课题的评议。对于国家实验室的同行评议，由政府主管部门批准设立相对独立的评审委员会负责。

（三）几点建议

一是强化国家实验室的战略定位。国际经验表明，国家实验室的重要功能是满足国家战略需求。因此，建设国家实验室重点应在战略科技领域进行布局。所谓战略科技领域就是直接影响国家安全和国家核心竞争力的科技领域，如核技术、激光技术、量子技术、新一代通信技术、生物技术等。习近平总书记指出，以国家实验室为抓手强化战略科技力量，为国家实验室建设指明了方向。

二是发挥中央政府主导作用。建设国家实验室体现的是国家意志、国家战略和国家需求，因此，必须发挥中央政府主导作用，同时调动地方政府、企业和社会力量参与的积极性。中央政府要加强对国家实验室建设的统筹谋划、顶层设计和总体布局，对实验室运行的指导监督，对实验室绩效的评价考核。要通过平台建设、项目支持、团队组建等方式加大对国家实验室建设的支持力度。

三是整合全国优势科技力量。新中国成立 70 多年来，我国逐渐形成了由中国科学院、行业科研院所、高校、企业、民办科研机构和新型研发机构等主体构成的国家科研体系。建设国家实验室要依托现有优势创新单元，采取举国体制，打破部门、地区和单位的界限，整合全国优势科技力量，建设一批体现国家意志、实现国家使命、代表国家水平的国家实验室。

四是借鉴国际通行的治理模式。建设国家实验室必须从治理体制上理顺国家、实验室依托单位及实验室之间的责权利关系。要加强党对国家实验室建设的全面领导，设立实验室建设协调管理机构。要明确国家实验室的法人地位，实行理事会领导下的主任负责制，主要采取政府委托承包商管理国家实验室的 GOCO 方式，建立完善各种规章制度。国家实验室建设理念要超前务实，任务设定主要遵循科学发现、国家安全和经济繁荣 3 个原则；管理体制灵活，体系设置科学，科研体系具有围绕中心、动态响应和快速反应的特点；科研资源共享，通过一定的程序和手段可以有偿或无偿使用国家实验室中的大型仪器设备。

打造科技创新高地与培育科技创新增长极

当前，北京、上海和粤港澳大湾区正在加快推进国际科技创新中心建设，其他一些科技创新能力强的地区正在谋划建设区域性科技创新中心，全国还建有一大批国家自主创新示范区和国家高新区。这些创新高地在支撑创新型国家和世界科技强国建设中发挥着关键作用。本部分内容就长江经济带高质量发展、上海国际科技创新中心建设等提出一些初步的思考。

一、依靠科技创新引领长江经济带高质量发展

习近平总书记在深入推动长江经济带发展座谈会上的讲话中明确指出："要着力实施创新驱动发展战略，把长江经济带得天独厚的科研优势、人才优势转化为发展优势。"这为长江经济带发展指明了方向和路径，对长江经济带高质量发展和建立现代化经济体系具有重要意义。

（一）科技创新是引领长江经济带高质量发展的第一动力

实现长江经济带高质量发展要以习近平新时代中国特色社会主义思想为指导，贯彻新发展理念，加快建设具有鲜明区域特色的现代化经济体系。建设现代化经济体系需要实体经济、科技创新、现代金融和人力资源4个要素有机互动和协同发展，其中科技创新发挥引领作用。习近平总书记在对国际国内大势深刻分析的基础上提出"创新是引领发展的第一动力"的重要论断，这是对科技创新地位和作用认识的飞跃和升华。长江经济带高质量发展必须坚持创新驱动，真正把创新作为引领发展的第一动力。

长江经济带不仅是我国的经济中心，也是我国重要的创新中心。上海正在建设具有全球影响力的科技创新中心，武汉正在打造中国光谷，重庆和成都正在建设具有全国影响力的科技创新中心，长江经济带沿线还建有若干

国家自主创新示范区和国家高新区。坚持创新驱动，充分利用丰富的创新资源，长江经济带就完全能走出一条生态优先、绿色发展的路子，走出一条高质量发展的路子。

近年来，长江经济带在强化顶层设计、改善生态环境、促进产业升级、创新体制机制等方面取得积极进展，正在向高质量发展阶段迈进。湖北省社会科学院的研究团队从经济绩效、经济结构、科技创新、绿色环保、社会共享5个维度对长江经济带高质量发展指数进行了测算。结果显示，2011—2016年长江经济带高质量发展指数呈上升趋势，总体均值从2011年的28.71上升到2016年的45.92，年均增长9.85%，上中下游地区年均增幅分别为13.01%、10.55%、8.16%，其中科技创新发挥了重要作用。在上述5个维度上，下游地区全面领先，其次为中游地区，最后为上游地区，而上中下游地区创新能力也呈从低到高的走势，说明科技创新与高质量发展呈现明显的正相关。中游地区在经济结构上的得分增幅最高，在很大程度上受益于中游地区深入实施创新驱动发展战略，大力发展先进制造业和战略性新兴产业，促进三次产业融合发展，推动产业结构合理化和高度化。2020年发布的《长江经济带高质量发展指数报告》指出，长江经济带高质量发展成效显著，但各领域仍存在发展短板。未来，长江经济带应以区域协调为纽带，贯穿生态、经济、创新、民生等重点领域，打造引领经济高质量发展的主力军。

（二）科技创新是破解长江经济带发展面临问题的金钥匙

尽管长江经济带转型发展取得明显成效，但依然存在生态环境形势严峻、新旧动能转换乏力、区域发展不平衡等突出问题和挑战。破解这些突出问题和挑战，必须用好科技创新这把金钥匙。

第一，保护好生态环境要求加强科技支撑引领能力。环境污染的一个主要来源是污染企业的超标排放，由于污染排放物的处理非常复杂，需要加强污染治理技术的研发。污染企业的转型升级需要技术升级，也需要新技术替代旧技术。

第二，培育发展新动能根本在于增强自主创新能力。实现新旧动能转换就是要推动产业链向高端转移，就是用高新技术产业和战略性新兴产业逐渐淘汰传统落后产业。长江经济带布局了很多污染程度高、资源消耗大的重化工企业，其中一大部分都将逐渐被新产业替代。过去发展新产业主要是靠引进国外技术，如今国际竞争日益激烈，关键技术花钱都买不来，必须增强自主创新能力，彻底解决关键技术受制于人的局面。

第三，促进区域协调发展必须缩小区域创新能力差距。长江经济带发展不平衡、不协调在很大程度上是由于区域创新能力差距造成的。越是发达的地区对科技、资金、人才的吸引力越强，创新资源越集聚，这些地区就越发达，这就是所谓的"虹吸效应"。破除"虹吸效应"，实现区域平衡协调发展，必须发挥政府宏观调控职能，加大财政科技投入对长江上中游地区转移支付的力度，根据发展需要部署重大科技创新平台和载体，补上创新能力不足短板。

（三）全力推动长江经济带创新发展

加快长江经济带高质量发展，必须全力推动长江经济带创新发展，把长江经济带打造成创新驱动发展带，实现长江经济带发展效率变革、质量变革和动力变革。

第一，建设区域创新走廊。以上海、南京、合肥、武汉、重庆等中心城市为核心，打造长江上游、中游、下游区域创新走廊和创新型城市集群。按照规划分工定位，加强区域合作创新，形成创新链、产业链梯次分工、协调发展格局。

第二，大力提升创新能力。牢牢抓住本轮新技术革命带来的重要机遇，加强新一代信息技术、人工智能技术、生物技术等新兴技术研发和示范应用，及时把握弯道超车机会。加大科技基础设施建设力度，布局一批国家实验室和国家重点实验室，提高创新基础能力。高度重视人才培养，不拘一格选拔、培养和使用人才。

第三，加强开放合作创新。进一步推动对内对外开放，全面融入全球创新体系和国家创新体系。与粤港澳大湾区、京津冀等区域开展科技合作，推动创新要素有序流动。在互利共赢基础上加强中美科技合作，深化中欧科技合作，积极参与欧盟地平线2021—2027计划。加强与"一带一路"沿线国家对接合作，参与实施"一带一路"科技创新行动计划，与"一带一路"沿线国家共建实验室、研发中心和科技园区等。

第四，培育发展创新产业。积极发展高新技术企业和科技型中小企业，培育领先型创新企业，大力发展高新技术产业和战略性新兴产业，推进传统产业转型升级，打造核心竞争优势。引导产业有序转移。建设创新型园区，打造创新产业集群，培育发展新动能。

第五，完善区域创新体系。强化企业技术创新主体地位，建立以企业为主体、产学研深度融合的技术创新体系。培育国内乃至国际一流的高校、科研机构和企业，探索建立新型大学和科研机构。加强上中下游地区之间的创新联系互动，上游地区反哺中下游地区创新，缩小区域创新能力差异。

第六，优化创新生态。深化科技体制机制改革，以改革驱动创新，以创新驱动发展。转变政府职能，让市场在科技资源配置中起决定性作用，更好发挥政府在维护市场秩序、营造公平竞争环境等方面的作用。尊重人才、尊重科学、宽容失败，培育创新型文化，释放创新活力。鼓励"大众创业、万众创新"，打造双创升级版。

二、新时期上海科技创新中心建设核心功能的提升与突破口的选择 [①]

加快上海国际科技创新中心建设，是习近平总书记对上海发展提出的战略定位和整体要求。根据《上海系统推进全面创新改革试验加快建设具有全

---

① 本部分内容是上海市决策咨询课题"上海全球科技创新中心核心功能和突破口研究"课题组研究成果，发表在《科学发展》2020年第7期。

球影响力的科技创新中心方案》，"2020 年形成具有全球影响力的科技创新中心的基本框架体系"目标基本实现，上海具有全球影响力的科技创新中心建设将踏上新征程。下一步，如何提升上海科技创新中心核心功能、实现科技创新中心的新突破，不仅关系到上海市的创新驱动高质量发展，更是关系到引领全国高质量发展，对于建设创新型国家、世界科技强国，实现社会主义现代化具有重要意义。

（一）新时期上海科技创新中心建设面临的战略需求

面向新时期，国家对上海科技创新中心建设提出更高的战略要求，是上海建设科技创新中心的目标和导向。同时，新技术革命与产业变革也为科技创新中心发展注入新的内涵。这些都是我们明晰新时期上海科技创新中心核心功能的依据和条件。

一是国家对上海科技创新中心建设提出新要求。2019 年 11 月 3 日，习近平总书记在上海考察时强调指出，上海要成为科学规律的第一发现者、技术发明的第一创造者、创新产业的第一开拓者、创新理念的第一实践者，形成一批基础研究和应用基础研究的原创性成果，突破一批"卡脖子"的关键核心技术。上海要成为四个"第一"，其中科学规律的第一发现者即要加强知识创新和基础研究，在新知识的创造中起到引领作用；技术发明的第一创造者就是要在技术创新中走在世界前列；创新产业的第一开拓者就是要抓住试验发展环节，培育新产业、新业态，并将其影响力扩展至世界范围；创新理念的第一实践者则是要在政策功能和创新模式上进行开拓，为全国其他地区提供经验借鉴。

二是抓住新一轮科技革命与产业变革的机遇。科技创新中心的形成与科技革命紧密相关，世界性科技创新中心的形成与转移主要发生在历次重大技术革命的机遇期，如第一次技术革命的英国伦敦，抓住第二次技术革命机遇的德国柏林和美国波士顿，领衔了第三次技术革命的美国加州湾区等。当前，全球新技术革命与产业变革加速推进，为上海科技创新中心建设提供契机。以新一代信息技术、新能源、新材料为代表的新一轮技术革命不断向前推动，促使经济领域新产业、新业态、新模式加速涌现。新技术革命与产业变革对上海通过科技创新中心建设走向世界科技前沿提出了要求。

三是符合全球科技创新中心的基本特征和普遍规律。从世界各国实践来看，全球科技创新中心一般具有以下几个基本特征：创新要素的持续集聚是科技创新中心的首要特征，其中研究型大学和各类科研机构发挥着不可替代的基础性作用。多数科技创新中心首先是经济中心。科技创新中心离不开雄厚的经济基础，也离不开完善的产业体系、适合本地的经济结构和市场环境。营造"宜居""宜业"的环境吸引人才和资本。推崇创业、宽容失败、鼓励冒险的社会文化观念，自由宽松的人才流动机制，也是其"宜居""宜业"环境不可或缺的因素。在地理空间上多体现为一个大区域的概念。在创新全球化趋势加剧的今天，世界级科技创新中心已突破了某个科技园区或某座城市的地理界限，具有科技先导性、产业带动性和经济辐射性。制度创新是形成全球科技创新中心的重要动力。发达国家都相继开创了世界范围内有利于创新的专业化制度。例如，英国的工厂系统、科学社团和专利制度，法国的技术学院和专业工程师制度，美国的大规模生产系统、国家实验室、大学技术转移，日本的精益生产体系、质量管理革命等，这些重大的制度创新奠定了科技创新中心的基础。

四是国家科技创新中心总体战略布局要求上海科技创新中心建设差异化发展。目前，在国家科技创新中心总体布局中，上海建设科技创新中心应有其独特性和侧重点。美国经验也表明，纽约硅巷的发展模式，在很大程度上得益于与硅谷的错位发展。与硅谷的"西岸模式"不同，硅巷"东岸模式"的业务大多集中在互联网应用技术、社交网络、智能手机及移动应用软件上，而传统的"西岸模式"更关注芯片的容量和运转速度。正是这种错位发展，才使得"东岸模式"具有崛起的机会。上海要建成具有全球影响力的科技创新中心，应与北京、深圳等错位发展，充分利用上海及周边地区长期发展高端制造业的产业基础等优势。

（二）新时期上海科技创新中心核心功能的内涵

综合来看，上海要建成具有全球影响力的科技创新中心，必须拥有集聚能力、创造能力、发展能力、枢纽能力、辐射能力和开放能力等6个核心功能。

1. 集聚能力：全球高端创新资源聚集高地

集聚能力就是对资源的集聚、积累、优化、整合、利用能力。一是创新主体的集聚，包括企业、科研院所和高等院校，通过密切的相互协同作用，共同构成一个创新生态系统。二是人才、知识等要素的集聚。全球科技创新中心往往既是知识承载者的聚焦地，又不断从全球吸引科技人才流入，形成对人才的虹吸效应。三是全球风险投资等金融资本的集聚。金融是资源配置的主要力量，在每一次技术革命发生过程中，金融资本都发挥着关键性的作用。全球科技创新中心一般都拥有比较活跃的风险投资基金。

2. 创造能力：全球科技创新的发源地

要想具备全球影响力，就必须在科技上拥有原创能力，成为重大科学发现和技术发明的发起者，具备与强大研发投入相匹配的研发产出能力，拥有创新性特征。全球科技创新中心，必须拥有较强的研发实力，在专利申请与授权、科研论文发表、技术转化产生等一项或多项指标的区域横向对比中处于领先地位，是一个区域乃至全球新概念、新技术、新工艺及新产品最为重要的创新源地。

3. 发展能力：全球新经济的引领者

全球科技创新中心必须要拥有世界最先进的知识和技术，能够代表世界最先进的生产力，引领全球科技进步和产业升级，代表新的经济增长方式和新的生产力。全球科技创新中心以知识和人才作为依托，以科技和创新为主要的驱动力，以发展拥有自主知识产权新技术和新产品为着力点，以创新知识密集型产业作为标志，创新经济在区域经济中占据主要地位。

4.枢纽能力：全球创新网络的重要节点

科技创新中心的创新能力不仅依赖于本地创新环境中的多样化主体互动，也依赖于对全球范围内创新要素的吸引和接纳，还依赖于对全球市场的有效链接。这种链接主要在于把全球范围内的市场需求与本地研发机构的研发能力、本地企业的生产能力联系起来，在本地形成与全球资源对接的平台，包括人力资本流动、知识网络融入、融资渠道建立和销售市场联系。成为世界级的重要枢纽，组成一张大网，起到牵一发而动全身的作用，来撬动全国乃至世界的资源，以及联系到更为广泛的市场。

5.辐射能力：全球及区域创新的发展极

伴随着研发要素资源及相关产业在科技创新中心的不断汇聚与融合，产生强烈的外部效应与规模效应，成为引领区域技术创新发展的增长极。全球科技创新中心建设必然要汇聚大量的科技资源、创新要素、创新主体和科技成果，除了要服务国家、服务本地以外，更重要的是要发挥对所在城市群、周边区域及其他地区的辐射和带动作用，包括长三角一体化发展地区、长江经济带地区及"一带一路"建设地区等。对这些地区的辐射带动作用，也会反过来对上海本地的发展产生有利反馈，形成促进作用。

6. 开放能力：国际创新资源的流动港

促进研发资源和成果国际化，具有与世界接轨的政策环境，拥有连接全球的方便快捷的路网或信息交换等基础设施，形成全球创新资源在开放式创新网络中的流动。全球科技创新中心是全球研发活动最为活跃、研发成果产出最为强劲的区域，其源源不断的研发创新成果在接受全球市场检验的同时，经由技术交易、高技术产品出口等扩散方式实现国际层面的流通与传播，进而对世界范围内的技术革命与科技进步产生极为深远的影响。

（三）新时期上海科技创新中心建设存在的问题

上海科技创新中心的基本架构已经形成，基本核心功能基本具备，科技创新策源能力显著提升，正加速成为国际国内资本、人才、知识、设施等各类创新要素集聚和配置的中心。但与新时期上海科技创新中心的战略目标相比，核心能力还需要进一步提升，亟须提质增效，主要表现在以下几个方面：

一是创造能力不足。上海在学术成果总体质量方面与全球领先城市相比还存在着一定差距。根据上海图书馆、上海科学技术情报研究所与科睿唯安联合发布的《2017 国际大都市科技创新能力评价》报告，上海 SCI 论文发表总数和被引数分别排名第 3 位和第 5 位，但论文平均被引数仅排名第 9 位。虽然在新兴技术的学术研究领域走在全球前列，但开发能力不足。例如，在石墨烯领域，上海的学术研究指数高达 6488，排名第 2 位；技术研发指数却只有 184，排名第 9 位。东京的石墨烯学术研究指数不如上海，但技术研发指数高达 1771，排名第 1 位。

二是创新资源集聚不够。上海研发投入强度缺乏国际竞争力，与全球科技创新中心的地位不相匹配。德国大众公司 2016/2017 财年研发经费投入为 137 亿欧元，与上海全社会研发经费总投入规模大体相当。上海科技创新要进一步提升国际地位，还需要更大的投入力度。特别是，近年来重视和加强基础研究已经成为世界各国科技发展的战略重点，各主要创新型国家基础研发投入强度都在 10% 以上（图 1）。

三是新经济引领不足。上海最大的短板是缺少科技引擎企业。2016 年中国互联网企业 10 强中，上海仅有携程一家企业，排名第 8 位；2019 年中国互联网企业 10 强没有一家出自上海，电子信息技术企业研发投入 10 强中上海无一家企业。从世界研发投入 100 强企业的分布来看，东京 11 家，硅谷 9 家，纽约 7 家，北京 4 家，深圳 2 家，上海一家都没有。从 PCT 专利产出 100 强企业来看，东京 27 家，硅谷 7 家，北京 6 家，深圳 2 家，上海一家也没有。

四是开放能力不足。上海虽然在人口规模上与世界大都市纽约、东京相差无几，但在常住外国人口占人口的比例上却与世界大都市依然相去甚远。2017 年上海 2418.3 万人口中，常住外国人口 16.3 万人，占上海总人口的 0.67%，而且在沪外籍常住人口在 2014 年之后出现了下降。纽约在 2001 年时

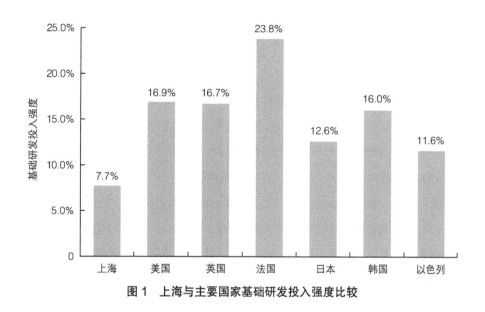

图1　上海与主要国家基础研发投入强度比较

总人口为 1400 万人，常住外国人口 280 万人，占比达 20%。

（四）新时期上海科技创新中心建设核心功能提升的思路和路径

新时期上海科技创新中心建设，必须全面贯彻落实习近平总书记关于上海科技创新中心建设的一系列指示精神，贯彻落实好中央交给上海的 3 项新的重大任务，在增强创新策源能力上下更大功夫，着力踢好成果转化的"临门一脚"，更好地代表国家参与国际合作和竞争，坚持创新驱动与改革开放的两个轮子，着力提升具有全球影响力的科技创新中心的核心功能，在服务国家参与全球经济科技合作与竞争中发挥枢纽作用，为我国经济提质增效升级做出更大贡献。

以前沿技术的前瞻布局为抓手，打造科技创新策源地。紧紧抓住新一轮科技革命与产业变革的重大机遇，不断提升对重要方向和重大关键技术、技术路线的科学判断，扎实推进重大战略性任务的实施，切实做好创新源泉培育和创新成果储备。

坚持深化改革，营造具有全球竞争力的创新生态。营造多元的创新生态系统，完善创业孵化、技术转移、科技金融、知识产权等服务功能，让科技创新活动在有序、自组织的系统中自发地产生并转化为生产力。

加强科技与产业融通，推进科技成果转移转化。着眼于经济社会发展需求和科技发展趋势，围绕产业链部署创新链，加强共性技术研发与服务，积极推进技术创新与商业模式创新融合发展，加快建立健全产业自主技术体系，培育发展战略性新兴产业和"四新"经济。

促进科技资源跨区域流动，建设一体化区域创新体系。总体上，上海要形成一个有代表性的系统的区域创新体系；个体上，上海各区域根据自身禀赋，在符合上海区域创新体系建设全局下，建设各具特色的区域创新体系。

推动高水平的对外开放，成为全球创新网络的重要枢纽。上海自贸区和张江自创区联动发展，以开放倒逼改革，以改革促进创新，以创新驱动发展，使两区成为上海乃至全国实施创新驱动发展战略、全面深化改革开放的两个轮子、两大引擎，共同为打造"中国经济升级版"做出更大贡献。

（五）新时期上海科技创新中心建设的突破口选择

1. 源头创新突破口

以张江综合性国家科学中心为核心，建设成为大科学设施相对集中、科研环境自由开放、运行机制灵活有效的综合性科学中心，加强科技源头创新能力，不断增强上海基础研究国际竞争力。建设引领最高科技水平的上海张江实验室。依托张江地区已形成的大科学基础设施建设世界级大科学基础设施集群，形成具有世界领先水平的信息科学、先进制造和健康科学等综合性科学研究试验基地。依托复旦大学、上海交通大学、中科院等，创建有国际影响力的高水平研究大学和科研机构，引进海外顶尖科研领军人物和一流团队开展世界前沿性重大科学研究，建设全球领先的科学实验室。聚焦生命、材料、环境、能源、物质等基础科学领域，开展多学科交叉前沿研究，发起多学科交叉前沿研究计划，开展重大基础科学研究、科学家自由探索研究、重大科技基础设施关键技术研究。

2. 重点技术领域和产业突破口

集成电路。重点研究不断演进的纳米级集成电路等关键共性芯片的基础理论，推进布局一批集成电路重大科技基础工程。实施集成电路重大战略项目，突破 CPU、控制器、图像处理器等高端芯片设计技术。打造我国技术最先进、辐射能力最强的世界级集成电路共性技术平台，加强军民融合创新平台建设，支持民用先进技术在国防科技工业领域的应用，推动军用技术成果向民用领域转化和产业化。

生物医药。在前沿生物技术方面重点突破生命科学重大原创理论，在生物医疗技术方面重点突破靶标筛选新技术、重大疾病分子分型技术等。积极推进脑科学、干细胞与组织功能修复、国际人类表型组、材料基因组等重大生物医药科学基础工程。在新药创制方面，实施原创新药等重大战略项目，开发满足临床治疗需求的原创新药，实现若干个一类新药上市。建设创新药物综合研发平台、精准医疗研发与示范应用平台、生物医药技术标准基础创新平台、生物医药技术科技成果转化和产业化平台，促进产业化。

人工智能。以算法为核心，以数据和硬件为基础，重点研究深度学习、强化学习、机器感知技术、知识表示与处理、人机混合智能、自主协同与决策等人工智能基础理论。重点研发知识计算引擎与知识服务技术、跨媒体分析推理技术、群体智能关键技术、混合增强智能新架构与新技术、自主无人系统的智能技术、虚拟现实智能建模技术、智能计算芯片与系统、自然语言处理技术和网络人工智能等。建设支持知识推理、概率统计、深度学习等人工智能范式的统一计算框架平台，形成上海促进人工智能软件、硬件和智能云之间相互协同的生态链。

3. 体制改革突破口

一是加强统筹协调，集成科技力量。以国家实验室、脑与类脑研究中心等为抓手，承接国家重大任务，推动协同创新，力争逐步将科研力量"单兵作战"转化为"集团军作战"。集约有序开发，注重资源整合，形成区域发展合力，促进跨行政区域高质量协同发展的政府管理模式。以对标国际最高标准、最好水平为原则，加快提升张江综合性国家科学中心的"场效应"，稳步建设和规划各类重大科技基础设施和创新单元，努力成为重大原始创新的重要策源地，打造创新高度。

二是强化内生动力，培育创新引擎。充分发挥市场配置资源的决定性作用，构建覆盖全生命周期的政策体系。建立与企业家、投资家的常态化政企科技创新咨询制度，加强科技与产业需求对接。发挥上海的产业优势、学科优势，完善功能型平台体制机制，推动功能型平台与产业对接，加快打通科学、技术和产业通道。围绕重点产业，整合优化产业链，促进初创企业、小微企业、独角兽企业、龙头企业等的创新合作。鼓励龙头企业产业链横向与纵向整合，提升创新影响力。

三是促进科技与金融结合，加速创新驱动发展。充分发挥政府财政资金的引导、奖励和风险分担作用，构建包括股权和债权在内的多层次投融资体系。吸引社会资本组建各类投资基金，形成覆盖科技型中小微企业从种子期、初创期、成长期到成熟期的梯形投资体系。进一步推进新三板向创业板的自动转板机制，鼓励优质企业通过门槛较低的新三板向创业板迈进。鼓励高收入人群、企业家、高科技公司等通过设置科技奖项、设立基金会等方式开展科学捐赠，支持上海科技创新活动。

四是搭建平台，融入全球创新网络。用好中国（上海）国际技术进出口交易会等国家级科技创新交流平台，吸引全球企业在上海发布最新创新成果。建设国际技术贸易合作平台，发挥上海市国际技术进出口促进中心、国家技术转移东部中心、南南全球技术产权交易所等的作用，健全面向国际的科技服务体系，形成国际化的科技创新成果发现、项目储备对接和跟踪服务机制。大力吸引外资研发中心集聚，积极发挥外资研发机构溢出效应，鼓励其转型升级成为全球性研发中心和开放式创新平台。

五是营造良好生态，吸引国内外创新资源。营造宜居宜业的环境，在扩大引才对象上，从华裔科学家扩展到非华裔人才，从发达国家扩展到发展中国家，从高端人才扩展到各类人才协调并重，吸引国外青年人才来上海参与科研和创新创业活动。营造创新文化环境，建设创新文化品牌，发扬海纳百川、追求卓越、开明睿智、大气谦和的城市精神，彰显开放、创新、包容的城市品格。构建与国际接轨的制度环境，按照国际通行规则，充分发挥司法和仲裁作用，建立健全知识产权司法保护、行政执法及纠纷多元解决等机制。在人工智能、数字版权、基因专利等新领域，探索和制定符合国际规则、具有中国特色的知识产权制度和规则。

三、打造粤港澳大湾区人才高地

建设粤港澳大湾区是中国特色社会主义进入新时代党中央做出的一项重大战略决策，对于提升粤港澳大湾区在国家经济发展和对外开放中的支撑引领作用、促进粤港澳大湾区协同发展和实现中华民族伟大复兴的中国梦具有重要意义。根据粤港澳大湾区的发展现状、基础和优势，《粤港澳大湾区发展规划纲要》提出粤港澳大湾区建设具有全球影响力的国际科技创新中心的战略定位，这就要求粤港澳大湾区牢固树立"人才是第一资源"的理念，把创新人才培养放在更加重要的位置，建立一流的创新人才队伍，打造人才高地。

（一）聚焦战略定位优化人才

一个地区发展对人才的需求是由其战略定位决定的。粤港澳大湾区建设具有全球影响力的国际科技创新中心的战略定位必然要求其建立一支以国际一流人才为引领的多层次的人才队伍。与北京、上海两个国际科技创新中心定位有所不同的是，北京侧重科学和技术中心，上海侧重技术和产业创新中心，粤港澳大湾区则是兼顾科学、技术和产业创新的综合性创新中心。因此，粤港澳大湾区建设需要科学、技术、产业、金融等各个领域的领军人才。粤港澳大湾区要发挥其制度优势和国际化程度高的优势，加大国际引智力度，不拘一格引进人才，聚天下英才而用之；要发挥科技教育资源丰富的优势，加大国际人才交流合作力度，培养和引进一流的科学家和学术大师，在一些基础研究和前沿交叉技术领域发挥引领作用；要发展产业领先、产业链完整的优势，培养和引进产业领军人才，继续推动产业向中高端迈进；要缩小粤港澳大湾区两岸创新能力的差距，加强广深港澳创新走廊建设，补足西岸人才发展的短板，把澳门打造成西岸创新人才基地。

（二）建设重大平台吸引人才

重大平台载体是吸引高层次人才的重要条件，因为没有适合的平台载体人才就难以发挥作用。因此，粤港澳大湾区要根据科技基础、学科优势、产业特色和未来规划等因素建立重大平台载体吸引高层次人才。一是建立重大科技创新平台吸引科技领军人才，包括建立国家实验室、国家重点实验室、国家技术创新中心，以及争取重大科技基础设施在粤港澳大湾区落户，建设综合性国家科学中心等。在澳门建设的中药质量、模拟混合信号超大规模集成电路、智慧城市与物联网、月球与行星科学等国家重点实验室对人才的集聚作用已经显现。二是建立重大产业创新平台吸引产业领军人才。加快建设培育一批产业技术创新平台、制造业创新中心和企业技术中心，吸引和集聚产业创新领军人才，助推产业向中高端转移。例如，澳门可凭借其国际化优势和经济优势，吸引欧洲国家高层次人才，共同建设澳门产业技术研究院，加强与欧洲国家的科技合作，既有利于促进澳门产业升级，也有利于促进大湾区产业提升。三是加快重大创新载体建设集聚多层次人才。加快推进港深创新及科技园、粤澳合作中医药科技产业园等重大创新载体建设，鼓励港澳知名高校在内地设立分校或成立独立学院，通过培育创新主体和建设产业创新集群集聚大湾区发展需要的多层次、多类型的人才。

（三）围绕产业发展集聚人才

培养人才的重要目的是促进产业发展，而产业发展也为人才成长提供重要舞台，因此，培养和集聚人才应与粤港澳大湾区产业发展紧密结合起来，围绕产业链构建人才链，打破制约产业发展的人才"瓶颈"。一是抢抓新一轮科技革命和产业变革带来的重大机遇，培养重大基础研究、交叉前沿技术领域的领军人才。当前，新一轮科技革命和产业变革孕育兴起，新一代信息通信技术、人工智能、先进制造、量子计算、合成生物学等领域正在成为各国家战略部署的重点，我国要在新一轮科技革命和产业变革中占领科技制高点，必须竭尽全力在这些领域培养和集聚一大批领军人才。二是针对区域内高新技术产业和新兴产业创新能力的提升培养、集聚人才。粤港澳大湾区内的信息通信、先进制造和现代服务业等产业已经具有较好的基础和优势，但总体来看还存在关键技术受制于人、自主创新能力不足、产业大而不强等突出问题。因此，要有针对性地培养和引进可以解决高新技术产业和新兴产业发展中"卡脖子"技术的专业化人才，加强关键技术攻关，推动产业发展向"微笑"曲线两端转移。三是针对传统产业转型升级培养和引进人才。传统产业在我国经济发展中仍然居于主导地位，而且具有很大的价值提升空间，因此，不能在发展"两新产业"时忽视传统产业转型升级。要借鉴德国和日本产业转型及重组的经验，培养和引进可以解决产业转型升级技术"瓶颈"的专业技术人才及技能型人才、工匠型人才，提高传统产业的技术含量和附加值。

（四）创新体制机制激励人才

培养创新人才必须打破阻碍人才成长的体制机制障碍，营造良好的创新生态和创新文化。粤港澳大湾区在教育体制、人才引进机制和产学研合作机制等方面还有不利于创新的地方，需要加以改革创新。一是改革教育体制，创新教育内容和教育方式。教育内容上与时代同步，教育方式上强调素质训练，培养学生的创新意识、创新思维和创新能力。二是创新人才引进和交流机制。制订人才引进和交流计划，对于需要引进的人才和在大湾区内交流的人才，要缩短审批流程和时间，畅通人才引进和交流渠道。三是完善产学研合作机制。明确产学研各个不同主体的定位，找准产学研结合的切入点，选择合适的产学研合作组织模式，建立互利共赢的利益分配机制，提高产学研合作效益。

四、培育科技创新增长极

"增长极"这一概念是法国经济学家弗朗索瓦·佩鲁首先提出来的，它是指那些增长强度高的产业和区域，这些产业和区域通过极化效应及扩散效应影响和带动相关产业、周边区域发展。增长极的形成受科技创新驱动，与区域内创新型企业和企业家群体有直接关系。"创新增长极"概念受"增长极"概念启发提出，用来描述创新在国家和区域经济增长中的作用。当一个区域的创新增长明显快于其他区域并在国家和地区的创新活动中发挥主导作用的时候，这个区域就成为创新增长极。我国已经开启建设世界科技强国和社会主义现代化强国的新征程，迫切需要培育若干世界级创新增长极，在实施创新驱动发展战略和实现高水平科技自立自强中发挥引领带动作用。

培育创新增长极需要创新资源在地理空间上高度聚集。从全球经济与创新发展趋势看，创新活动并非均衡或随机地分布在全球各地，在国家和地区内部也是非均衡分布的，而且这一地理空间集中化的趋势随着时间的推移正变得越来越明显。这是因为，创新活动所需的显性知识比较容易获得，隐性知识只有在创新主体之间近距离互动时才能获得学习能力，而隐性知识在创新活动中往往决定着创新的成败。

（一）培育科技创新增长极的关键：打造科技创新"金三角"

培育科技创新增长极主要取决于 3 个关键因素，即创新能力、创新体系和创新生态，可称之为科技创新的"金三角"。科技创新增长极首先表现在创新能力上，它要明显高于其他产业和周边区域的创新能力。创新体系是形成科技创新增长极的基础，完善的创新体系要求创新主体具有高水平的创新能力，以及不同创新主体之间的有机联系和互动。创新生态是形成科技创新增长极的保障，良好的创新生态可以大大激发创新创业活力。创新能力、创新体系和创新生态三位一体，共同推动科技创新增长极的形成和区域高质量发展。

1. 创新能力：科技创新增长极形成的核心

科技创新增长极的创新能力有 4 个基本特点：一是高端化，即处于科技创新的制高点，引领产业和区域创新发展，如硅谷的半导体技术、深圳的移动通信技术在世界上都处于领先地位。二是独特化，即具有其他产业和区域无法替代的独特优势，如上海张江的生物医药产业创新和北京中关村的电子信息产业创新就形成了独特的优势。三是多元化，即具有多元化的创新主体和创新能力。例如，北京的中关村既有高水平的研究型大学和科研机构，又有一批领军型科技企业；既有较强的基础研究能力，又有较强的技术创新和成果转化能力。四是一体化，即可以实现基础研究、技术创新和成果转化的贯通，形成开发新产品和培育新产业的能力。例如，硅谷的创新能力不只表现在创新链条的某个环节上，也表现在开发新产品和培育新产业的体系化创新能力上。

科技创新增长极的创新能力主要表现在 5 个方面：一是科技创新策源能力，指重大科学发现和关键核心技术突破能力，即"从 0 到 1"的原始创新。原始创新能力不足是我国科技创新最大短板。二是科技成果转化能力，指把科技成果转化为具有经济价值和社会价值的产品和服务。加速科技成果转化的关键是要落实促进科技成果转化的各项政策措施，强化企业科技成果转化主体地位。三是产业创新能力，指把产品转变为产业，把小企业转变为大企业，把产业和企业做大做强。提高产业创新能力必须实现产业链、创新链、金融链的紧密融合，强化企业家在产业创新中的主导作用。四是科技创新基础能力，指科技基础设施、科学仪器、试验试剂、基础软件等科技基础条件在很大程度上影响科技创新能力的提升。五是体系化创新能力，指从基础研究到技术创新到产业化创新形成一体化的创新链条。我国的科技创新往往表现为创新链条的某个环节能力强，形不成体系化创新能力，因此，科技创新缺乏可持续性和价值可实现性。

2. 创新体系：科技创新增长极形成的基础

完善的、具有区域特色的创新体系是科技创新增长极形成的重要基础。首先，区域创新体系具有一流的大学、科研机构和企业等创新主体，且这些创新主体对当地经济社会发展产生较大影响。如果创新主体与当地经济社会发展没有建立起紧密联系，甚至发生资源输出或技术外溢现象，这不利于科技创新增长极的形成。其次，区域内的创新主体找准自己的功能定位，对创新增长极的形成发挥独特作用。科技领军企业是区域发展的重要引擎，科技中小企业是培育科技领军企业的摇篮。大学是基础前沿研究领域的主力军，在科学发现和人才培养的同时积极服务社会。科研机构由于类型的不同，在定位上存在很大差异，如国家科研机构是国家战略科技力量的重要组成部分，新型研发机构的主要功能则是促进成果转化和产业化。政府部门的主要职责是提供创新服务，包括编制规划、制定战略、研究政策等。最后，区域内的创新主体建立起紧密的联系和互动，共享知识信息和基础设施，通过项目合作、合作研究中心、合作经济实体、产业技术联盟、创新联合体等多种形式开展互惠互利的协同创新。

3. 创新生态：科技创新增长极形成的保障

创新生态是指创新者生存和发展的状态，良好的创新生态对科技创新增长极的形成具有重要的保障作用。硅谷不可复制的重要原因，就是硅谷创新生态的背后是一个复杂的创新生态系统。创新生态系统短期看相对稳定，长期看不断演化，具有动态的特征。创新生态系统是在开放中形成的，具有整体性、调节性等特征。创新生态系统的形成受到区位、基础、教育、人力资本、市场、金融、服务体系、体制机制、政策引导、文化等诸多因素的影响。由于不同区域创新生态系统形成的影响因素不可能完全相同，不同区域的创新生态肯定存在差异，科技创新增长极形成的经验无法简单复制。

（二）硅谷：世界级科技创新增长极与"创新金三角"

硅谷是世界上最成功的科技创新增长极，大量文献对硅谷的成功经验进行了分析，我们认为硅谷的成功在于它形成了与众不同的"创新金三角"。

1. 硅谷的创新能力

美国咨询公司 Startup Genome 的报告主要根据业绩（Performance）、融资（Funding）、人才（Talent）、全球连通性（Connectedness）、市场覆盖度（Market Reach）、学术知识（Knowledge）等因素对全球 140 个城市进行排名。根据 Startup Genome 2021 年发布的榜单，美国硅谷依然是全球第一的科技创新中心，英国伦敦和美国纽约并列全球第 2 位，中国北京排名第 4 位，美国波士顿排名第 5 位，中国上海排名第 8 位。美国硅谷拥有全球领先的技术，如生物技术、半导体、通信等，集聚了英特尔、苹果、谷歌等世界知名的高新技术企业。硅谷地区人口占美国总人口的 1%，却创造了美国 13% 的专利，拥有 40% 的美国 100 强企业，硅谷作为全球第一的科技创新中心是当之无愧的。

2. 硅谷的创新体系

在硅谷的创新体系中，大学为企业的创新和发展提供了丰富的智力资本。[1] 硅谷有 4 所知名的大学，即斯坦福大学、加州大学伯克利分校和旧金山分校，还有圣何塞州立大学，这几所大学吸引、培养了美国和全世界最优秀的人才。斯坦福大学对硅谷成功的贡献最大，它拥有世界最好的无线电工程系。弗雷德·特曼教授担任过该校的副校长，他推动建立了斯坦福大学研究园，培育产学研紧密联系和功能互补的生态系统，被誉为"硅谷之父"。斯坦福大学校园内产生了一批世界知名公司，如谷歌、雅虎、Youtube 等。正如风险投资家比尔德·雷帕所说："硅谷从斯坦福开始真是幸运。我认为，没有斯坦福就不会有硅谷。"加州大学伯克利分校的工程和科学院系全美知名，苹果公司就诞生于此。加州大学旧金山分校是世界上最好的医学研究机构，在肾脏和肝脏移植、神经外科学、神经学、肿瘤学、基因疗法等方面拥有世界领先的研究和治疗技术。圣何塞州立大学虽没有前面几所大学有名，但该校在

① 阿伦·拉奥，皮埃罗·斯加鲁菲. 硅谷百年史 [M]. 闫景立，侯爱华，译. 北京：人民邮电出版社，2014.

计算机科学和计算机工程领域为硅谷提供的工程技术人才数量最多。

企业是硅谷成功的发动机。硅谷在形成初期有两家最重要的引擎公司，一是联邦电报公司，是一家无线电公司；二是肖克利晶体管公司，后来该公司 7 名骨干出走创办了仙童半导体公司。他们促进了硅谷集成电路、存储器和半导体产业的产生和发展。硅谷在发展过程中又培育出一大批引擎公司，如苹果、惠普、英特尔、谷歌、甲骨文、思科等，这些引擎公司是硅谷发展的主要动力。可以说，没有引擎公司的引入和培育，就不会有硅谷的诞生和快速发展及成为世界科技创新中心。

3. 硅谷的创新生态

硅谷的风险投资机构及天使投资网络最为密集和活跃，创业者只要有好的项目就不愁找不到资金支持。据全美风险投资协会统计，2011 年，实力雄厚的风险投资机构大部分都在硅谷，硅谷占全美风险资金总额的 40%，多于其后 3 个最大地区的总和。

硅谷的法律服务体系比较完善和宽松。创业公司很容易从专业服务机构获取新公司注册、起草投资条件书、法律表格提供等一系列免费服务。加州的一些法律条款也鼓励初创公司创业。例如，加州的雇用合同中不允许存在竞业禁止条款，而硅谷在执行有关商业秘密和私有信息的法律方面没有那么严格，员工跳槽比较容易，所以硅谷的创新创业氛围浓厚，风险投资家愿意来这里找寻投资机会。

硅谷的创新人才队伍中有很大一部分来自外国的技术移民，尤以印度和中国的移民最多。这与政府的政策导向有直接关系，特别是 1965 年的《哈特－塞勒法案》和 1990 年的《移民归化法案》，都增加了针对技术移民及其家属的特别签证条款。尽管历届美国政府在移民政策上会有所变化，但考虑到移民对美国经济和科技创新的贡献，总体来看还是鼓励支持技术移民。另外，大量的专业化猎头公司、招聘团队、会计师和律师等为外国技术移民提供了周到完美的服务，也是硅谷技术移民大量增加的一个重要原因。技术移民的进入对科技创新产生直接影响。研究表明，每增加 10% 的外国研究生会增加 4.5% 的专利申请数，增加 6.8% 的大学专利授权数，增加 5% 的非大学专利授权数。

硅谷鼓励明智的失败，世界上没有一个地方具有硅谷这样宽容失败的商业文化。在硅谷，即使你连续失败 3 次仍然能得到投资者的青睐，因为你可以从失败中吸取宝贵的教训。想反，如果你一次也没有失败过，那也不见得是件好事儿。对于经历过失败的创业者，投资者愿意给他们指导帮助，以使他们从失败的阴影中走出来并走向成功，这就是硅谷所谓的"回馈文化"。

硅谷大多数企业家和风险投资家的目标不仅是创造财富，更重要的是实现改造世界的梦想。苹果电脑的乔布斯不只是卖电脑和芯片等硬件，他要通过硬件加网络改变人们想象和互动的方式，改变世界使用技术的方式。谷歌创始人拉里·佩奇和谢尔盖·布林不只是想通过广告赚钱，而是让用户最为便捷地获取来自全世界的信息。有了伟大的梦想，他们就充满了无限的激情和不竭的动力。

（三）培育科技创新增长极的对策建议

1. 培育和引入科技引擎企业

我国的科技中小型企业已经遍地开花，但真正在行业中发挥龙头作用的引擎企业并不多。引擎企业是带动经济发展的火车头，既可以与中小企业协同创新和发展，也可以通过技术和人才溢出孵化出一批中小企业，促进产业集群的形成。也就是说，一个引擎企业有可能形成一个新产业。因此，要全力培育一批科技引擎企业。完善科技成果转化体系，落实科技成果转化政策，鼓励科技型创业，打造双创升级版，大力发展科技型中小企业和高新技术企业。从科技型中小企业和高新技术企业中选择一批成长性好、发展潜力大的企业作为科技引擎企业培育的重点，并在企业成长的全生命周期内给予相应的政策引导支持。从外部引入科技引擎企业要注重链式招引，并充分考虑当地的产业基础和优势。

2. 壮大人才资本力量

人才是创新的第一资源，科技创新增长极同时也应是人才增长极，所以要把科技创新增长极打造成人才高地。一是培养引进科技和产业领军人才及创新团队，优化人才队伍结构，建立符合区域战略定位要求的高水平、多层次人才队伍。二是根据区域科技基础、产业特色和未来发展规划建立重大科技创新平台和产业创新平台，以人才为中心，把人才、平台、项目有机结合起来，吸引优秀科技人才创新创业。三是大力发展高新技术产业、战略性新兴产业，规划发展未来产业，根据产业发展需要聚集人才，推动产业链、创新链、人才链融合。四是改革人才评价机制，对基础研究人才进行长周期评价，完善人才激励机制，构建充分体现知识、技术等创新要素价值的收益分配机制，激发人才创新创业活力。

3. 深化产学研合作网络

加强产教协同创新中心建设，建立完善大学成果转化机制、产业技术需求解决机制、产教联合研发机制。建立园区对接机制，加强大学科技园与高新区的对接，加强高新区与自贸区和经济开发区的对接等。强化大学科技园功能，发展好大学科技园在促进科技成果转化、企业孵化和资源集聚方面的作用，把大学科技园作为未来技术和未来产业培育的摇篮。以目标、效益为导向选择产学研合作形式，政府层面应推动战略层次的产学研合作。营造产学研合作良好环境，鼓励产学研联合申报承担科技计划项目，完善产学研合作信息平台，加强知识产权保护。

4. 大力发展风险投资

一是拓宽投融资渠道，优化风险投资结构。放宽准入条件，政策上允许养老金、外国资金进入；增加民间风险投资所占比例，加大政府财政资金、税收引导力度；风险投资关口前移，主要投资于"死亡谷"阶段；鼓励天使投资并向专业化方向发展。二是提高退出意识，完善风险投资退出机制。资金投入时就要想到如何退出，IPO固然是首选的退出方式，但在IPO所需时间漫长时可考虑分阶段退出。三是完善风险投资的法律法规体系。尽快制定创业投资的主体法，解决当前相关法律分散的现状。制定有针对性的符合风险投资实际的法律条款，把知识产权保护立法与风险投资法律结合起来。四是加强行业监管，规范风险投资行为。建立统一规范的信息披露平台，加强信息披露监管，做到信息披露及时、准确、完整，畅通创业板、新三板信息渠道。

5. 培育宽容失败的文化

科技创新往往是建立在一次又一次失败基础上的，因此必须建立宽容失败的文化和机制。不少科研人员害怕失败，不敢承担风险大的项目，这对创新有阻碍。因此，新修订的《科学技术进步法》第五十六条首次明确规定"国家鼓励科学技术人员自由探索、勇于承担风险。原始记录能够证明承担探索性强、风险高的科学技术研究开发项目的科学技术人员已经履行了勤勉尽责义务仍不能完成该项目的，给予宽容"。对于挑战性和颠覆性的研发项目要给予更大的宽容度。

6. 加强管理制度创新

目前，无论是政府管理制度还是企业管理制度大多停留在 20 世纪甚至 19 世纪的水平，与 21 世纪对管理制度的要求很不适应，因此必须加强管理制度创新。从宏观角度看，政府管理要向法治型政府和服务型政府转变，彻底摒弃官本位的思想；要从管理向治理转变，让各个利益主体平等参与决策，促进管理的民主化和科学化。从微观角度看，企业管理要给员工更多自主权，突出以人为中心的管理，让每位员工都成为创新的参与者和受益者，充分调动员工的主动性、积极性和创造性。

建设充满活力的
创新生态系统

> 正如地球上的一切生命依赖于一个良好的自然生态系统一样，创新也需要一个充满活力的生态系统。但凡那些已经进入创新型国家行列和成为世界科技强国的国家，一个关键的原因在于其构建了充满活力的创新生态系统。改革完善科技体制是建设充满活力创新生态系统的重要举措，而科技安全是创新生态系统建设的基础前提。

一、创新生态系统提出的背景和内涵

创新生态系统的概念是美国竞争力委员会于 2004 年 12 月在《创新美国——在挑战和变革中达致繁荣》的研究报告中明确提出来的。进入 21 世纪以来，国际格局、创新主体、创新模式及创新环境都出现了一些新的变化，国家之间和不同创新主体之间出现了新的竞合态势，因此，"企业、政府、教育家和工人之间需要建立一种新的关系，形成一个 21 世纪的创新生态系统"。

作为一个有生命活力的生态系统，创新生态系统是由诸多参与创新的主体构成的，主体之间存在着内在的关联，且时常发生复杂的动态交互过程。朱迪·埃斯特琳在《美国创新在衰退？》一书中用即时贴等生动的案例说明了创新生态系统对企业发展、创新的意义。书中指出，任何一家企业或组织的创新生态系统，都要依靠整个国家和世界的创新大环境。创新生态系统里的不同栖息者，主要可以分为三大群落：研究、开发和应用。美国创新生态系统的可持续性，取决于上述 3 个群落之间实现健康的平衡，研究群落以长远的眼光发现新知和观念，开发群落推动产品和服务的生产与交付，应用群落把这些技术进步散布全世界。

创新生态系统对于一个国家、一个企业保持创新活力和动力乃至在全球经济中的地位至关重要，因为它可以提供一个适宜创新的自由的、宽松的环境，激励创新的有效机制，享受创新创业成功的氛围。美国总统科技顾问委员会在《维护国家的创新生态系统》的报告中指出，美国的经济繁荣和在全球经济中的领导地位得益于一个精心编制的创新生态系统，这一生态系统的本质是追求卓越，主要由科技人才、富有成效的研发中心、风险资本产业、政治经济社会环境、基础研究项目等构成。美国要继续维护技术领先地位，保持经济繁荣，提高人民的生活水准，成为创新型和技术型领导国家取决于构建有活力的、动态的"创新生态系统"。

从创新系统到创新生态系统的演化，标志着对创新系统认识的深入和细化，也标志着在创新系统的构建中更加强调以市场为基础的政府和市场两种力量交互作用的过程。创新系统是在对日本 20 世纪 60—80 年代高速增长的原因分析后提出的概念，日本独特的国家创新系统被认为是日本经济繁荣的重要原因，但 90 年代之后日本出现的经济衰退尤其是 21 世纪的前十年被称为"失落的十年"让人们重新思考我们到底需要一个什么样的创新系统？创新生态系统强调创新系统的自组织性，各个主体之间的创新活动和经济行为在一定的阈值范围内受"一只看不见的手"支配理性有序地展开；强调创新系统的多样性，任何一个创新系统都是在一个特定的地理空间、政治经济环境、社会文化环境下生成，不能在不同国家或地区之间简单地移植；强调创新主体的共生共荣，不同规模的企业之间及企业与学术机构之间围绕技术集成、产品研发和产业链形成而展开的多种形式的连接和合作犹如自然生态系统中的食物链、生态链，任何一个链条或环节都关系着整个系统的运行和绩效；强调创新系统的平衡，当创新系统遇到强烈的外部干扰偏离平衡临界点而失去或削弱自组织功能时，政府则以恰当的方式和手段发挥平衡器的作用，以使创新系统重新回到平衡状态，从而化解创新系统的风险。

二、如何建设充满活力的创新生态系统

建设充满活力的创新生态系统，最重要的是建立良好的创新生态环境。

在自然生态系统中，阳光、空气和水是最重要也是最基本的元素，而在创新生态系统中，鼓励创新、宽容失败的创新文化，自由探索、敢于争论的创新氛围，勇于拼搏、敢冒风险的创业精神，尊重创造、尊重人才的人文关怀，是构成良好创新生态环境的基本要素。大家所熟知的硅谷之所以成为高技术产业栖息地，主要得益于它有一个良好的创新生态环境。国外很多科技园区试图模仿硅谷模式但大都没有成功，因为创新生态环境是不能简单复制的，它必须与本土的历史、环境、文化契合才能找到适于本土创新的生态环境。2006年以来，我国的科技经费投入大幅增加，全社会鼓励自主创新的氛围正在逐步形成。但在我国尚缺乏对失败的宽容态度，缺乏冒险精神，科研机构和科研人员缺乏独立性，部分科研人员心态浮躁、急功近利，学术不端行为在一定程度上存在。种种迹象表明，我国的创新生态环境仍存在不少缺陷，急需加以完善。

完善创新生态环境，建立充满活力的创新生态系统，关键是深化体制机制改革，消除阻碍创新的制度约束。在宏观管理层面，与科技创新有关的部门之间的协调力度不够，中央和地方科技管理部门之间的协调力度不够，致使科技资源分散、重复配置，科技资源利用效率有待提高。在微观层面，转制科研机构在推进现代企业制度建立方面进展不大，公益性科研机构与现代科研院所制度要求还有差距，科研院所改革尚需深化。因此，深化科技体制改革，在宏观层面上要明确国家科技主管部门在科技资源统筹配置中的主导地位，加强部门与部门之间、中央与地方之间科技资源的统筹；在微观层面上，转制科研机构在推进现代企业制度建设的同时要继续发展其在引领行业科技创新与进步中的作用，也可以依托转制科研机构借鉴中国台湾工研院的模式建立一批国家级产业技术研究院。而对于公益类科研机构则通过分类改革的方式逐步建立起与国际接轨的现代科研院所制度。

建立充满活力的创新生态系统，起决定作用的是人的因素。要让我们的人民具备创新的意识、创新的勇气和精神，让我们的民族注入创新的基因。人的创新精神和创新能力主要是在幼儿和中小学阶段培养起来的，而我国的幼儿教育和中小学教育基本上还是应试教育，学生的创新潜能没有被挖掘出来，所以必须从根本上改革我国的教育体制，使应试教育向素质教育和创新教育转变，培养出一大批创新型人才。我们还要采取各种有效措施延揽海内外高层次人才，并且秉承"不求所有，但求所用"的原则。未来国际竞争将聚焦于人才的竞争，美国、日本、欧盟、印度等国家和地区都相继出台了吸引海外高层次人才的战略和计划，力争占领人才高地。如果我们不能争取到更多的优秀人才为我所用，我国就很难占领科技的制高点，与发达国家的差距也很难缩小。

建立充满活力的创新生态系统，还需要建立支持创新的多层次资本市场体系。资本市场在创新生态系统中的作用是不言而喻的，因为产业如果不与资本结合就不会有创新的发生。资本市场既要支持大企业创新，鼓励他们"走出去"成为国际化的企业，更要支持中小企业创新，鼓励中小企业做大做强。大中小企业之间形成一个合理的企业结构有助于良好创新生态的建立。在我国的资本市场体系中，中小企业融资难问题一直没有解决，制约了中小企业创新能力的提升。完善多层次资本市场体系，一是缩短中小企业板的上市进程，满足中小企业融资的需求；二是完善创业板市场，选择真正具有发展潜力的科技型企业上市融资，真正起到鼓励创新创业的作用；三是加快场外交易市场的建立，建立多元化的资本退出机制；四是发挥好北京证券交易所服务创新型中小企业的作用，促进创新型中小企业转变机制，破解创新型中小企业融资难题。

建立充满活力的创新生态系统，是一个长期的过程，需要细心培育，不能操之过急。建立充满活力的创新生态系统，不是一个部门、一个地方、一个企业所能做到的，它需要全社会各个主体的共同努力。只要我们找准方向、找到重点、找出措施，建立充满活力的创新生态系统的目标就可以实现。

三、打好科技体制改革攻坚战

2021 年 11 月，习近平总书记主持召开中央全面深化改革委员会第二十二次会议，审议通过了《科技体制改革三年攻坚方案（2021—2023 年）》，为深化科技体制改革指明了方向，明确了重点。2022 年 1 月召开的全国科技工作会议强调要实施科技体制改革三年攻坚方案，优化科技创新生态。由此可见，深化科技体制改革是今后两年科技工作的一项重要任务，也是一场必须打赢的攻坚战。

党的十八大以来，党中央统筹谋划和系统推进科技体制改革，在全国选择部分区域开展全面创新改革试验，不少阻碍科技创新的体制机制障碍被打破，科技领域基础性制度基本确立，一些重要领域和关键环节改革取得实质性进展。科技与经济社会发展结合更加紧密，科技成果向现实生产力转化成效显著；产学研用各主体融合创新，创新活力有效激发；坚持激励与约束并重，创新生态更加优化；中央财政科技计划、科研项目和经费管理改革取得新突破和新成效。围绕国家战略需求，科技攻坚和应急攻关的体制机制和组织体系不断完善。

然而，随着我国科技发展的外部环境和内部条件发生重大变化，科技体制与实现科技自立自强和建设世界科技强国的要求还不完全适应。例如，科研机构自主权没有落实到位，科研人员积极性尚未充分发挥，科技计划体系和运行机制有待完善，创新生态需要进一步优化等。当前，科技体制改革已经进入深水区和攻坚期。科技体制改革攻坚的核心目的就是加快建立保障高水平科技自立自强的制度体系，建设有中国特色的国家创新体系，提升科技创新和应急应变能力，提升科技创新体系化能力，推进科技创新治理体系和治理能力现代化。

（一）健全社会主义市场经济条件下关键核心技术攻关新型举国体制

运用好政府和市场这两只手的作用，实现有为政府与有效市场紧密结合，强化国家战略科技力量，发挥党和国家作为重大科技创新领导者、组织者的作用。建立以国家实验室为引领的战略科技力量体系，建立使命驱动、任务导向的国家实验室体系，健全基础研究和原始创新的稳定支持机制，构建关键核心技术攻关的高效组织体系。改革创新重大科技项目立项和组织管理方式，提高体系化创新能力。深化大学和科研院所改革，发挥高水平科研机构和研究型大学在国家战略科技力量中的作用。

（二）建立企业主导技术创新的机制，强化企业技术创新主体地位

优化科技力量结构，促进各类创新要素向企业集聚，引导产学研合作更多面向企业和市场需求，灵活采取产学研合作有效模式。打通科技、产业、金融连接通道，推动形成科技、产业、金融良性循环，健全企业技术创新政策体系，加速推进成果转化应用。由龙头企业牵头组建创新联合体，加强大中小企业协同创新，完善产业创新生态。

（三）完善科技人才培养、使用、评价、激励等体制机制，激发人才创新活力

以人才为核心推进科技体制改革，让科技人才有更多的成就感和获得感，并为他们创造潜心科研的良好环境。以系统观念培育人才，形成全链条人才培育体系。发挥创新高地作用，集聚全球一流创新人才和创新团队。健全以创新能力、质量、实效、贡献为导向的人才评价体系。加大对青年科技人才的支持力度，为他们创造更多主持科技项目的机会，提供良好的科研条件、比较优厚的生活待遇。

（四）加快转变政府科技管理职能，完善科技管理体制机制

按照坚持抓战略、抓改革、抓规划、抓服务的定位，强化规划政策引导，把科技部门的主要职责从研发管理向创新治理和创新服务转变。根据任务需要及工作实际给予科研单位和科研人员更大的人财物支配权、学术自主

权，扩大经费包干制试点范围。坚持"创新不问出身"，继续探索实施国家实验室负责制、业主负责制、"揭榜挂帅"、"赛马争先"、首席科学家负责制等机制，为科研人员搭建更多更好的创新创业平台，培育勇于创新、宽容失败的创新文化。

四、科技创新支撑和保障国家安全

（一）统筹好发展和安全意义重大

党的十九届五中全会《中共中央关于制定国民经济和社会发展第十四个五年规划和二〇三五年远景目标的建议》首次把统筹发展和安全纳入"十四五"时期我国经济社会发展的指导思想，并列专章做出战略部署。坚持总体国家安全观，统筹好发展和安全的关系对于推进我国经济社会发展和社会主义现代化建设具有重大现实意义。习近平总书记指出："安全是发展的前提，发展是安全的保障。"没有一个安全稳定的环境，就不会有经济社会的顺利发展。所以，安全是国家头等大事，要把安全贯穿到国家发展各领域和全过程，创造有利于经济社会发展的安全环境。发展可以为国家安全奠定坚实的物质基础，解决一切问题的基础和关键靠发展，防范化解重大风险确保国家安全依然靠发展。所以，不发展是最大的不安全，必须坚持把发展作为第一要务。统筹发展和安全，既可以为实现更高水平更高层次的安全打牢基础条件，又可以不断满足人民日益增长的美好生活需要，增强我国经济实力、科技实力、综合国力，实现更高质量、更有效率、更加公平、更可持续、更为安全的发展，加快推进社会主义现代化和世界科技强国建设。

当前，我国面临的国内外环境错综复杂，不稳定性不确定性明显加大，传统安全和非传统安全交织，逆全球化思潮和贸易保护主义盛行，以及新冠肺炎疫情在全球蔓延导致世界经济陷入低迷，对我国的安全和发展带来的机遇和挑战并存。因此，我们要坚持总体国家安全观，统筹发展和安全，把发展和安全这两件大事都办好，在危机中育先机、于变局中开新局，奋力实现中华民族伟大复兴的"中国梦"。

（二）发挥科技在国家安全中的支撑保障作用

科技安全是国家安全的重要组成部分，也是国家安全的重要保障。科技保障国家安全，必须深入创新驱动发展战略，把创新放在我国现代化建设中的核心地位，把科技自立自强作为国家发展的战略支撑，不断增强科技支撑国家安全的体系化能力。一是加强战略科技力量，提升战略科技创新能力。战略科技力量是确保国家安全和重大战略需求的科技力量，要积极发展高校、科研机构和企业在加强战略科技力量中的重要作用。在重大创新领域加快布局建设国家实验室，按照战略需求导向重组国家重点实验室体系。二是打好关键核心技术攻关战，牢牢把握发展和安全的主动权。重大关键核心技术攻关要采取新型举国体制，更好发挥政府作用，强化企业创新主体地位，组建创新联合体。三是加强基础研究和前沿技术研究，为国家持久安全提供不竭动力。大幅增加基础研究投入，加大基础研究稳定支持力度，加强人工智能、合成生物、脑科学、量子通信等面向长远发展的前沿技术研究，提高原始创新能力，推动颠覆性技术创新。四是完善国家创新体系，夯实维护国家安全的科技能力基础。保障科技安全和国家安全，必须构建系统、完备、高效的国家创新体系。要建设世界一流大学和科研机构，培育一批创新型领军企业，培养一批创新型领军人才，大幅提高创新主体的能力和水平。通过多种组织形式加强创新主体之间的合作，提高资源配置效率和创新效能。同时，要以全球视野加强国际科技合作，深度融入全球创新体系，利用国内国际两个资源和国内国际两个市场，应对人类面临的气候变化、公共卫生、粮食危机等共同挑战。

（三）提高运用科学技术维护国家安全的能力

当前，新一轮科技革命和产业变革加速演进，科学技术日益成为国际竞争的焦点和国家竞争力的核心，解决面临的各种重大问题比以往任何时候都更需要向科学技术需求解决方案，国家安全也是如此。第一，国家安全包括政治、经济、军事、文化等诸多领域安全，而科技安全在各领域安全中发挥支撑和保障作用。科技兴则国家兴，科技强则国家强。过去，科学技术在维护国家安全中发挥了至关重要的作用，今后势必发挥更大作用。第二，提高运用科学技术维护国家安全的能力，关键是加快提升自主创新能力，提高科技综合实力，做到科技自立自强。当前，我国科技创新仍存在基础研究薄弱、重点产业关键核心技术受制于人、高层次人才缺乏等短板。只有大力提升自主创新能力，才能为保障国家主权、安全、发展利益提供强大的科技支撑。第三，提升自主创新能力必须要抢抓新一轮科技革命和产业变革的重大机遇。新一轮科技革命和产业变革既给我们带来了"弯道超车"和"换道超车"的重大机遇，也面临着与发达国家科技水平差距拉大的风险。要不断加大科技投入特别是基础研究投入，尊重科技创新规律，尊重知识和人才，优化创新生态，营造全社会创新创业的良好氛围。第四，要注意防范和化解科技自身的安全。人工智能、合成生物学、基因编辑等技术对社会伦理产生极大冲击，区块链、大数据、云计算等对信息安全、网络安全、金融安全带来极大挑战，技术谬用和滥用对社会公共利益及国家安全构成潜在威胁，此次新冠肺炎疫情就引发了对生物安全的担忧。所以，要加强科技安全和风险的管控，做到防患于未然。

（四）科技助力增强塑造国家安全态势的能力

塑造国家安全态势是与维护国家安全紧密联系的，是更高层次、更具前瞻性的维护，它要求我们在变局中把握规律，在乱局中趋利避害，在斗争中争取主动，切实维护我国主权、安全、发展利益。塑造国家安全态势，就是要反对霸权主义，建立以联合国宪章宗旨和原则为核心的国际新秩序；就是要坚持多边主义和国际关系民主化，推动构建人类命运共同体；就是要主动塑造国际国内安全环境，加强对国家安全形势的跟踪研判，塑造总体有利的国家安全战略态势，不断增强塑造国家安全态势的能力。

科技助力塑造国家安全态势，关键是不断增强自主创新能力，彻底解决关键核心技术受制于人的被动局面。同时，要健全科技安全工作体系，确保科技安全。科技部部长王志刚强调要通过健全科技安全工作体系，提高科技安全治理水平。一是提高科技安全工作的政治站位，深入学习贯彻习近平总书记关于国家安全和科技创新的重要论述，坚持和加强党对科技安全工作的全面领导，坚持底线思维，发扬斗争精神，增强斗争本领，切实提高维护科技安全的能力和水平。二是建立科技安全管理责任机制，把科技安全工作贯穿到科技工作的各个方面和各个环节，建立科技安全工作分级分类管理责任机制。三是建立健全科技安全预警体系，完善科技安全预警监测指标，加强国际科技发展趋势、新兴领域、重大项目、前沿技术和颠覆性技术的动态监测和预警。四是加强科技安全法规制度建设，全面贯彻落实《国家安全法》，加快出台生物安全法，完善国家科技保密制度，建立实施国家技术安全清单制度，在人工智能、无人驾驶、生物医学研究等领域全面推行伦理审查制度，参与和引导相关全球治理规则的制定。

五、依靠科技创新支撑和保障生物安全

生物安全是国家安全的重要组成部分，属于非传统安全。2019 年年底在全球暴发的新冠肺炎疫情被世界卫生组织列为国际关注的公共卫生事件，再一次对生物安全问题敲响了警钟。习近平总书记多次强调生物安全的重要性，并在中央全面深化改革领导小组会议上要求把生物安全纳入国家安全体系。生物安全事关人民生命健康、经济社会稳定发展和国家重大利益，切实保障生物安全是一项十分艰巨而又紧迫的任务，必须发挥好科技创新在支撑和保障生物安全中的重要作用。

（一）我国生物安全面临三大挑战

由于经济全球化加深、国际竞争加剧、全球气候变化影响等诸多原因，

生物安全风险来源更加广泛，形式多种多样，正在成为人类发展面临的重大安全威胁。正因如此，许多国家把生物安全上升为国家安全战略，拓展成为国家安全的新疆域。美国 2018 年发布国家生物安全防御战略，英国、澳大利亚等国家把安全、国防等部门纳入公共卫生体系，德国视传染病为国家安全威胁。我国正处于从大国向强国转变的关键时期，多重风险挑战叠加，生物安全风险充满巨大不确定性和影响力，必须从国家安全新疆域的高度防范和化解生物安全风险，彻底守住生物安全风险底线。

我国当前和今后一个时期生物安全方面主要面临三大挑战：

一是重大传染病疫情时有发生，对人民健康和经济社会发展产生严重影响。国际上已发现传染病 1000 余种，在我国就发现了 360 余种。最近的一项研究显示， 2004—2013 年，手足口病、乙型肝炎和结核病是我国 3 种最常见的传染病，增长最快的传染病为包虫病、丙型肝炎、梅毒和 HIV 感染，死亡率最高的传染病是狂犬病、禽流感和鼠疫。新冠肺炎传播速度之快、影响范围之广实属罕见，虽不能改变我国经济发展长远走势，但对短期经济影响不容低估。

二是外来生物入侵加剧，严重影响生态安全并造成严重经济损失。我国几乎所有的生态系统都受过外来生物的侵袭，目前已经确认的外来入侵生物达 544 种，其中 100 多种产生过大面积严重危害。国际自然资源保护联盟公布的 100 种破坏力最强的外来入侵物种约有一半入侵了我国，每年造成直接经济损失达 1200 亿元。人们熟知的水葫芦暴发等水环境事件就是由外来物种入侵引起的，至今尚未根除。

三是现代生物技术滥用误用，对我国国家安全构成严重威胁。全球范围内生物技术研发产生的高致病病原体若不慎泄漏，会引发重大传染病疫情，未经过严格安全性评价的转基因生物可能影响人们健康和粮食安全，基因编辑技术运用不当则会破坏生物多样性和引发伦理风险，生物武器研发增加了生物战的危险，这些都给我国国家安全带来重大风险挑战。

（二）保障生物安全对科技创新产生重大需求

保障生物安全需要从战略规划顶层设计、领导体制和管理机制、科技研发、监测预警、宣传教育等方面协调推进，构建国家生物安全保障网，但核心是要发挥科技创新的支撑引领作用，提高生物科技自主创新能力，占领生物科技制高点。

一是生物安全预防技术。生物安全一旦受到破坏，会对经济社会发展和国家安全产生重大影响，所以必须加强生物安全预防技术研究，把生物安全风险扼杀在摇篮中。要对新冠肺炎病毒的来源、病毒传播需借助的中间宿主、病毒传播的途径等进行前瞻性研究，依据科学研究结论采取相应预防措施，尽量避免类似疫情再次发生。

二是生物安全监测技术。生物安全风险一旦出现，就要及时发现风险源和风险点，这是应对生物安全风险的基本前提。因此，必须加强生物安全监测技术研究，建立科学的监测指标体系和网络体系，第一时间发现风险源和风险点。针对重大公共卫生事件，需要建立科学的监测指标体系，并应用大数据、人工智能等现代技术手段广泛收集不同渠道疫情信息，及早发现疫情风险，抓住阻断病毒传播的最佳时间窗口，把安全风险尽可能降到最低。针对外来生物入侵引发的风险，需要提高动植物检验检疫监测技术水平，准确发现风险隐患，扼住生物安全风险进入我国的咽喉。

三是生物安全评价预警技术。发现了生物安全风险点就要对安全风险进行客观公正的评价，并在评价基础上向全社会发出预警信息，这就需要加强生物安全评价预警技术研究，综合分析不同专家意见，形成准确的评价结论，发出准确的预警信息。针对重大公共卫生事件，要通过专家组实地调研、会议研讨等方式广泛听取专家意见，并基于病例事实做出正确判断，尽可能避免偏听偏信及提出错误评价结论误导社会公众。

四是生物安全关键核心技术。我国在高等级生物安全实验室核心零部件及生命科学研究的试剂、装备、设备、实验动物等方面严重依赖进口，生物信息数据库被国外垄断，疫苗和药物研发与发达国家有很大差距，科技创新支撑和确保生物安全能力不足，在生物安全领域面临"卡脖子"危机。因此，必须加大生物安全领域科研投入，加强关键核心技术研发及疫苗和药物研发，彻底解决关键核心技术受制于人的被动局面，提高生物安全防御能力。

（三）依靠科技创新支撑和保障生物安全的对策建议

一是加强生物安全监测预警技术研究。研究需要重点监测的生物安全领域、监测点分布、监测指标体系、监测数据的获取和分析，对突发疫情、环境灾害、生物化学武器等实行全区域、全方位、全过程的动态实时监测。研究生物安全评价标准、指标体系和评价方法，研究生物安全预警手段和方式，培养一支高水平的生物安全监测预警技术和管理队伍，为生物安全监测预警体系建立提供科技支撑。

二是加强生物安全基础研究和关键核心技术攻关。针对国际生物安全形势和我国面临的突出生物安全风险，论证防范化解生物安全风险的重大科技需求，围绕生物合成学、基因编辑、病原生态学、病毒生成和传播机理等加强基础理论研究，为防范化解生物安全风险提供强大理论支撑。开展应急疫苗研发技术和产品研发，特别是通用型疫苗研发，加强应急群体性免疫技术与产品储备及临床技术攻关。加强转基因安全评价、出入境动植物检验检疫技术和外来入侵动植物病虫害防治技术研究，保证农业安全、林业安全和食品安全。加快现有生物安全领域科技成果转化，强化生物安全应对技术支撑能力。

三是加强生物安全科技创新平台建设。加大对病原微生物生物安全国家重点实验室、国家生物防护装备工程技术研究中心等现有科技创新平台的支持，特别是稳定支持力度，根据当前和未来生物安全形势迫切需求建设一批国家实验室、国家重点实验室、国家技术创新中心等新的科技创新平台。同时，要制定和完善生物安全科技创新平台管理规范和制度，确保科技创新平台运行安全。

四是加强生物安全领域技术监管。针对传染病防控、遗传资源信息管理、实验室安全、生物恐怖、生物技术研发的新形势，对相关法律法规进行修订完善，严格实施《生物安全法》，建立完善的生物安全法律法规体系。制定和完善生物安全科技领域行为准则，遵守科研道德伦理。对生物技术研发活动加强监管，对以科学研究名义在我国开展生物遗传资源调查的项目进行全面调查、严格管控和禁止恶意窃取行为。

五是加强生物安全领域科普宣传。生物安全与每个公民息息相关，要向全体公民宣传普及防范生物安全的知识、方法和手段。组织开展形式多样、内容丰富的生物安全科普宣传活动，提高全社会对生物安全的关注度和敏感性。宣传有关生物安全的法律法规，强化公众自觉维护公共安全的法律意识。把与生物安全有关的科技知识纳入公共卫生和医疗专业教育的内容，以疾控机构、医学高校和科研院所为主体建立完善的生物安全教育培训体系。各级疾控机构要定期组织专家、医生到街道、社区、学校、厂矿等开展传染病预防与控制知识、法律法规的宣传，新闻媒体也要开辟传染病预防与控制的专栏，同时要发挥科技管理部门、科协等机构在宣传普及传染病防治中的重要作用。

参考文献

［1］习近平．在第二十三届圣彼得堡国际经济论坛全会上的致辞［EB/OL］．（2019-06-07）［2022-05-18］．https://www.fmprc.gov.cn/ce/cgct/chn/zgyw/t1670558.htm.

［2］中共中央关于坚持和完善中国特色社会主义制度 推进国家治理体系和治理能力现代化若干重大问题的决定［EB/OL］．（2019-11-05）［2022-05-18］．http://www.gov.cn/ xinwen/2019-11-05/content_5449023.htm.

［3］国务院印发关于深化中央财政科技计划（专项、基金等）管理改革方案的通知．［EB/OL］．（2015-01-12）［2022-05-18］．http://www.gov.cn/zhengce/content/2015-01/12/content_9383.htm.

［4］亨利·基辛格．世界秩序［M］.胡利平，译．北京：中信出版社，2015.

［5］斯托克斯．基础科学与技术创新：巴斯德象限［M］.周春彦，谷春立，译．北京：科学出版社，1999.

［6］彼得·德鲁克．下一个社会的管理［M］.蔡文燕，译．北京：机械工业出版社，2006.

［7］道格拉斯·诺斯，罗伯特·托马斯．西方世界的兴起[M].厉以平，蔡磊，译．北京：华夏出版社，1989.

［8］道格拉斯·诺斯．经济史中的结构与变迁［M］.陈郁，罗华平，译．北京：上海三联书店，1994.

［9］希林．技术创新的战略管理［M］.谢伟，等译．北京：清华大学出版社，2005.

［10］亚诺什·科尔内．短缺经济学［M］.张晓光，李振宁，黄卫平，译．北京：经济科学出版社，1990.

［11］杰里米·里夫金．第三次工业革命：新经济模式如何改变世界[M].张本伟，译．北京：中信出版社，2012.

［12］阿尔文·托夫勒．权力的转移［M］.吴迎春，傅凌，译．北京：中信出版社，2006.

［13］约翰·刘易斯·加迪斯.论大战略［M］.臧博，崔传刚，译.北京：中信出版集团，2019.

［14］李光耀.论中国与世界［M］.蒋宗强，译.北京：中信出版社，2013.

［15］埃德蒙·费尔普斯.大繁荣：大众创新如何带来国家繁荣［M］.余江，译.北京：中信出版社，2013.

［16］阿伦·拉奥，皮埃罗·斯加鲁菲.硅谷百年史［M］.闫景立，侯爱华，译.北京：人民邮电出版社，2014.

［17］吴国盛.科学的历程［M］.北京：北京大学出版社，2011.

［18］陈劲.科技创新：中国未来三十年强国之路［M］.北京：中国大百科全书出版社，2020.

［19］郑永年.大趋势：中国下一步［M］.北京：东方出版社，2019.

［20］塞缪尔·亨廷顿.文明的冲突与世界秩序的重建［M］.周琪，刘绯，张立平，等译.北京：新华出版社，2010.

［21］马克·扎卡里·泰勒.为什么有的国家创新力强［M］.任俊红，译.北京：新华出版社，2018.

［22］加里·哈默，比尔·布林.管理的未来［M］.陈劲，译.北京：中信出版社，2019.

［23］迈克尔·波特.国家竞争优势［M］.陈丽芳，译.北京：华夏出版社，2002.

［24］彼得·德鲁克.创新与创业精神［M］.张炜，译.北京：上海人民出版社，2002.

［25］刘远.美国科技体系治理结构特点及其对我国的启示［J］.科技进步与对策，2012，29（6）：96–99.

［26］徐峰.韩国科技管理体制发展与演变探析［J］.世界科技研究与发展，2012（3）：523–526.

［27］孙福全.以科技创新支撑引领高质量发展的几点思考［J］.创新科技，2020，20（8）：1–6.

［28］高祖贵.世界百年未有之大变局的丰富内涵［N］.学习时报，2019–01–21（A1）.

［29］孙福全.加快实现从科技管理向创新治理转变［J］.科学发展，2014（10）：64–67.